アミメキリン（ケニア）

世界でいちばん素敵な

進化の教室

The World's Most Wonderful Classroom of Evolution

はじめに

私たちがいま地球の上で暮らしていることは、
遠いむかしに生まれたいのちが続いてきたことの証です。

あなたのお母さんとお父さんがいて、
それぞれのお母さんとお父さん、つまりあなたから見れば、
おばあさんとおじいさんがいるはずです。
そのおばあさんとおじいさんにも、
それぞれお母さんとお父さんがいてというように、
いのちは続いて、いまあなたはここにいるのです。

このように、私たちのルーツをたどっていくと、
700万年前というはるかむかしに存在していた、
ヒトとチンパンジーの共通祖先に行き着きます。
さらに、いのちのルーツをたどっていくと、
ゴリラやクジラ、鳥やトカゲ、ウニ、さらに驚くべきことに、
ヒトとキノコの共通祖先にも出会うことになります。

この本では、生命の誕生を出発点として、
気の遠くなるような時間を経て、実にたくさんの生き物とともに、
私たちヒトが地球上に広く繁栄している現在まで、
38億年という進化の歩みをたどれるようになっています。

進化と深い関係のある地球のダイナミックな動きを感じながら、
生き物の進化の道のりを一緒に歩いていきましょう。

ミーアキャット

Contents
目次

ガラパゴスゾウガメ（ガラパゴス）

Q

地球の生命の起源は？

多くの生命のエネルギーの源である太陽と、
たくさんの生命をはぐくむ海。

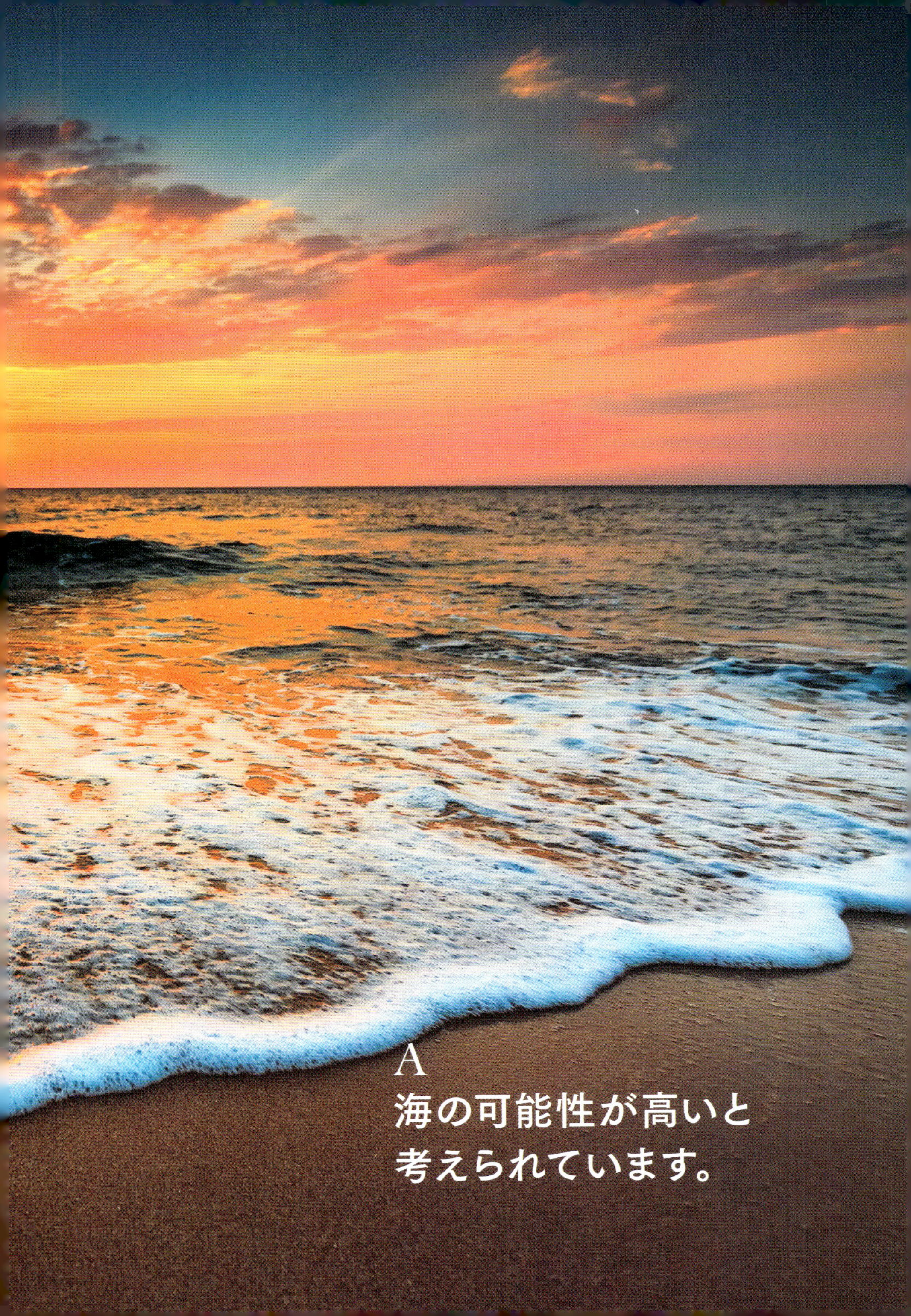
A
海の可能性が高いと
考えられています。

生命誕生の場として、深海が注目されています。

深海底の熱水噴出孔から噴出する350℃を超える熱水のエネルギー、そこに含まれる鉄などの鉱物と一酸化炭素、二酸化炭素や硫化水素などのガスを材料にして、地球の最初の生命が生まれたと考えられています。

Q1 最初の生命はどういうものだった？

A メタン菌のような生き物でした。

深海の熱水噴出孔の近くにいる超好熱性メタン菌は、35億年前には、海底から噴出する水素や二酸化炭素などから有機物をつくっていたことがわかっています。これが最初の生命だとすれば、いちばん最初の生命はとても小さかったと言えます。また、近年グリーンランドの38億年前の地層から、細菌のような微生物とされる化石が見つかっています。

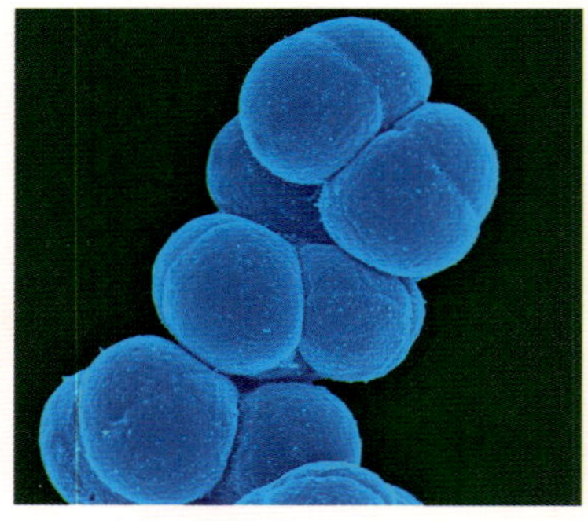

メタンを生成する古細菌「メタン菌」の一種（着色走査電子顕微鏡写真）。

大西洋中央海嶺の熱水噴出孔（アクティブチムニー）。海底の孔から噴出する黒色の熱水は特に「ブラックスモーカー」と呼ばれます。

Q2 宇宙から生命の源がやってきた可能性は？

空から落ちてくる隕石と地球。

A ありま す。

すべての生物の原材料の1つであるアミノ酸が、オーストラリアに落下した「マーチソン隕石」から80種ほど発見されています。それらの「地球外アミノ酸」がどのようにしてできたのか？　また地球上の生命の誕生に果たした役割についてはまだ謎です。

Q3 地球外生命はいる？

A いる可能性はありますが、見つかっていません。

土星の衛星エンケラドスと木星の衛星エウロパはどちらも厚い氷の下に液体の水があり、間欠泉が噴き上がっています。エンケラドスの水は「岩石と反応した熱水」で、生命が誕生した場所の1つとされる地球の熱水噴出孔に似た環境ではないかと考えられています。

土星探査機カッシーニが撮影したエンケラドスの間欠泉。地下海から間欠泉を通して放出される氷粒子の中から複雑な有機分子の断片が見つかっています。

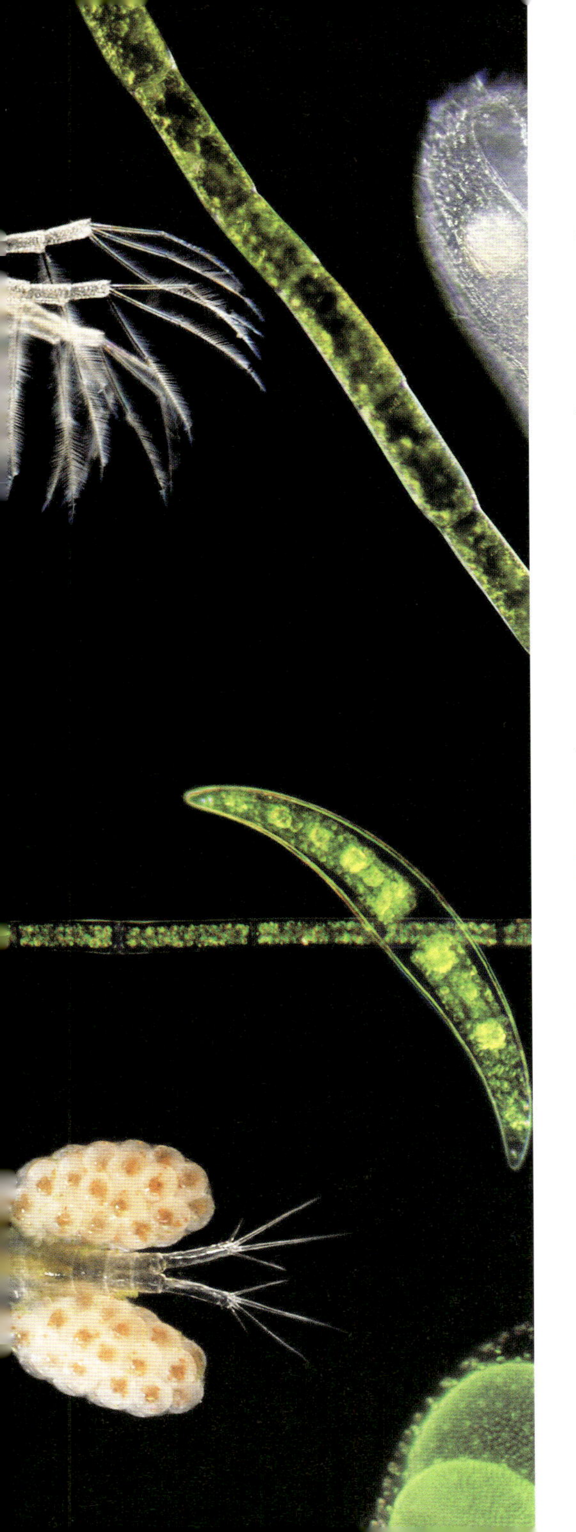

Q
地球上には何種類の生き物がいる？

A
870万種と試算されています。

科学者によって推定数は異なり、
300万種〜1億種と
かなり幅がありますが、
いずれにしても膨大な数です。

池に住んでいるさまざまな生き物たち。薄茶色のミジンコ（中央上）は、エビやカニ、昆虫を含む「汎甲殻類（はんこうかくるい）」というグループの仲間です。

全生物の80%以上は、未だ確認されていません。

これまで名前がつけられた生物は約170万種です。
新種の発見は年間で約1万8000種ほどなので、
いずれ全生物に名前がつく日が来るかもしれませんが、
希少な生き物は見つかりにくいので大変な道のりでしょう。

Q1 いちばん種数の多い生き物は？

A 110万種いる「汎甲殻類（はんこうかくるい）」と呼ばれるグループです。

汎甲殻類とはエビやカニなどの甲殻類とカブトムシやトンボなどの昆虫をまとめたグループです。汎甲殻類は、かつては甲殻類と六脚類に分けられていましたが、遺伝子を調べた結果、同じグループにするのがよいことが分かりました。

カラフルな模様の甲虫。その多彩な色は、環境の変化に反応して変わりやすく、求愛や交尾と外敵から身を守るために役立ちます。

② 膨大な数の生き物の祖先は、何種類くらいあるの？

A　1種です。

ある1種の共通祖先から現在生きている生物が進化しました。それをはっきり意識していたのが、『種の起源』を記したイギリスの博物学者、チャールズ・ダーウィン（1809-1882年）です。この共通祖先が、長い時間をかけてさまざまに分かれて進化してきたのです。

ダーウィンが1837年にノートに記した最初の「生命の樹」。共通祖先を示す「1」から、現存する4種のABCDへの進化の様子を示しています。

③ 小さな生き物のほうが種数が多い？

A　多いです。

異なる環境が種の多様性を生み出すので、小さな生き物ほど種類が多くなります。次のように考えると、それが分かります。例えば、複雑な海岸線に似ている、3次元のコッホ曲線（フラクタル）のような場所に大小さまざまな生き物が住んでいたとしましょう。小さな生き物は、大きな生き物が気がつかないような小さな凸凹の違いが生み出すより多様な環境で生きることになります。そのため小さな動物ほど多くの種に分かれる傾向があるのです。

◆コッホ曲線（フラクタル）

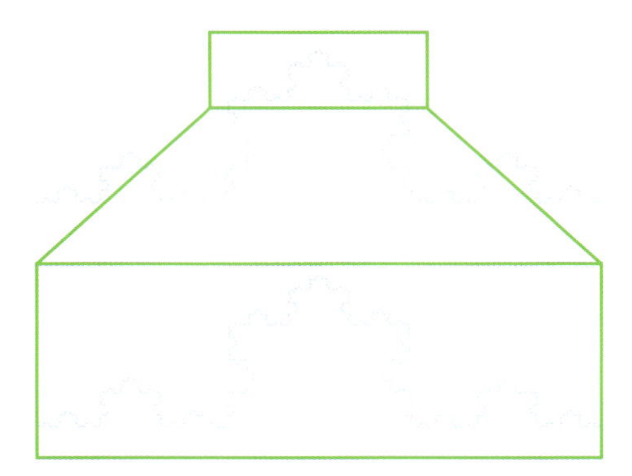

海岸線やシダ植物の葉の形など、自然界には部分を拡大すると全体と同じような形になることが多くあります。これは「フラクタル」と呼ばれ、「コッホ曲線」はその一例です。

◆コッホ曲線の書き方

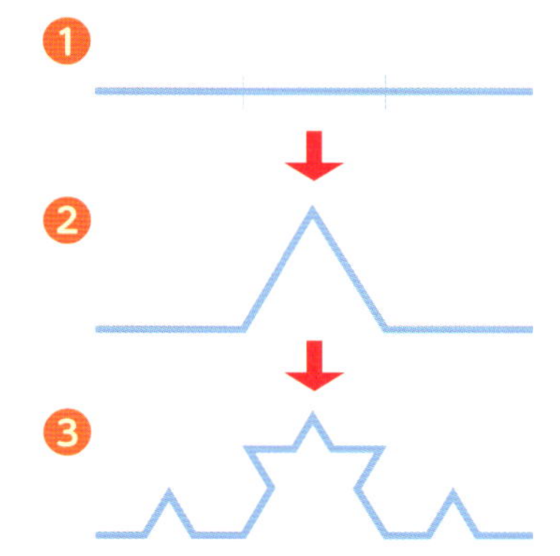

コッホ曲線は誰でも簡単に描くことができます。①：まず線分を3等分する、②：続いて真ん中の線分を底辺とする正三角形を描き、底辺の線分を取り除く、③：②で残った4つの線分について、それぞれ①、②と同じ操作を繰り返す。④：③で残った16の線分について、同じ操作をする。このような操作を無限に繰り返して得られる図形がコッホ曲線で、線分の長さの合計は最終的に無限大になります。

Q

動物と植物の違いはなに？

タマジクホコリという名前の変形菌です。粘菌とも呼ばれ、アメーバや変形体になって動物のように動いたり、子実体になってキノコのように胞子もつくります。動物、植物、菌類とは異なる「アメーボゾア」というグループに入る不思議な生き物です。

A
「動くから動物」を目安にすると境界線はハッキリしません。

系統学で動物と植物は区別できます。

動物と植物は系統学的にハッキリ区別されています。

細胞の中に生命の設計図であるDNAを入れた核を持つ「真核生物」のうち、
葉緑体を獲得した多細胞生物が植物になり、
植物と同じ共通祖先を持つ多細胞生物が変形菌、菌類、動物に進化しました。
「系統学」とは、すべての生物の進化の道筋を明らかにする学問です。

細胞内に核を持つ「真核生物」の系統を表した系統樹です（特に環形のものを「系統樹マンダラ」と呼びます）。すべての真核生物の共通祖先から、まず植物が分かれ、次にアメーボゾア（変形菌）が分かれ、最後に菌類と動物が分かれたことを示しています。なお、本図には目に見える真核生物しか入っていませんが、実際には目に見えない単細胞の真核生物もたくさんいます（図版作成：長谷川政美）。

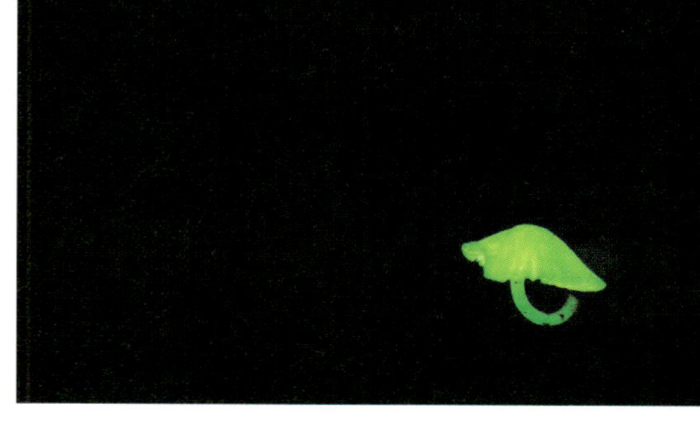

1951年に東京都の八丈島で発見された闇夜に光るシイノトモシビダケ。傘の直径は1～2cmほどと小さいです。紀伊半島や九州でも見つかっています。

Q1 キノコも植物？

A 菌類なので、植物ではありません。

植物は自分で栄養を作ることができる「独立栄養生物」。キノコを含む菌類は、ヒトを含む動物と同じくほかの生き物から栄養を得て生きる「従属栄養生物」です。

Q2 自分で栄養をつくることができる動物はいないの？

A 藻類が共生して光合成する動物がいます。

海に住んでいるエリシア・クロロティカという名前のウミウシは、まわりの藻類を食べて消化して栄養にするだけでなく、藻類の葉緑体を奪い取り、その葉緑体で光合成した栄養を得て生きることができます。

「光合成する動物」と呼ばれるエリシア・クロロティカは、北米大陸の東海岸沖に住んでいる、体長2～3cmほどのウミウシです。

★COLUMN★

「動く植物」オジギソウのふしぎ

葉の付け根にある「葉枕（ようちん）」という部分に水が溜まっていて、オジギソウがなにかの刺激を受けた際に、その水を動かすことで、まるで動物のように葉がぐにゃりと垂れます。

オジギソウの葉は、触ったりすることで刺激を受けたり、太陽の光が強すぎるときに葉を閉じて枝の根元から垂れ下がります（上）。枝の根本にある葉枕の中の水分が上に移動することで折れると考えられています（下）。

不思議いっぱい！
進化のアルバム

最愛のパートナー

エリマキキツネザルとタビビトノキ（マダガスカル）

タビビトノキの大きな葉っぱの根元あたりにちょこんと座ったエリマキキツネザルは、そのタビビトノキの花の蜜が大好物。蜜をなめるときに長い鼻に花粉がつき、別のタビビトノキの蜜をなめるときに受粉します。これだけ大きな哺乳類が送粉者になる例はとても珍しいことです。

ヤリハシハチドリとチョウセンアサガオ（エクアドル）

細長い花を咲かせるチョウセンアサガオの蜜にありつけるのは、長い嘴（くちばし）をもつヤリハシハチドリだけです。長い時間をかけて形を変えた共進化の一例です。

キサントパンスズメガとアングレーカム・セスキペダレ（マダガスカル）

アングレーカム・セスキペダレは距（きょ）と呼ばれる35cmに及ぶ長い管の先に蜜をためます。この花を見たダーウィンは、蜜を吸うために共進化した口吻の長い蛾がマダガスカルにいるに違いないと予言しました。果たしてその蛾は、ダーウィンの死後発見されたのです。キサントパンスズメガの口吻はアングレーカム・セスキペダレの距と同じく最長35cmになります。

Q すべての生物の共通祖先ってなに？

1972年、生命の起源を探るための手がかりになる「古細菌」が、イエローストーン国立公園の温泉から発見されました（アメリカ）。

A

「LUCA(ルカ)」と呼ばれる
共通先祖がいたと
考えられています。

※LUCA(Last Universal Common Ancestor／最後の共通祖先)

地球上のすべての生き物は、3つのグループに分けられます。

細胞内に核膜を持たないメタン細菌などの「古細菌」、
大腸菌やシアノバクテリアなどを含む「真正細菌」、
そして私たちヒトや植物など細胞内に核をもつ「真核生物」の3グループです。
それらの共通祖先がLUCAです。

Q 3つのグループは、LUCAからどのように分かれていったの？

A 最初に真正細菌が分かれ、次にある共通祖先から古細菌と真核生物が分かれました。

地球上のすべての生き物が古細菌、真正細菌、真核生物の3グループに分類できることが明らかになったのは1970年代のことです。1989年頃に、古細菌と真核生物が近縁であることが、九州大学の岩部直之、宮田隆らによって明らかにされました。つまり、ヒトは真正細菌より古細菌に近いのです。

真核生物

古細菌

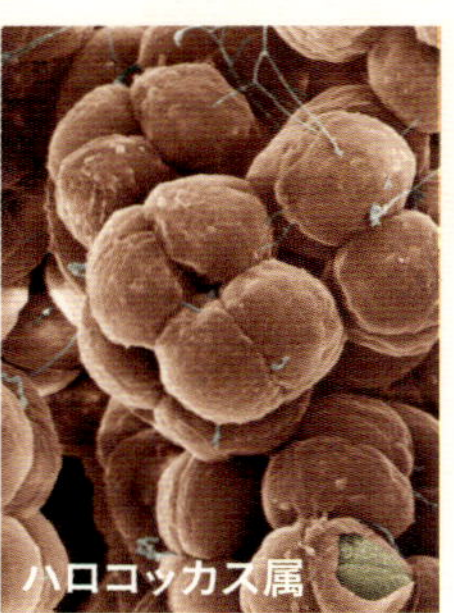

真正細菌

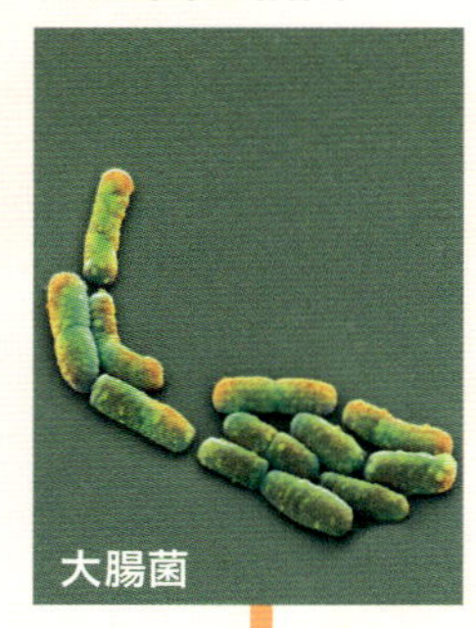

LUCA

上の図は、古細菌、真正細菌、真核生物の近縁関係を示しています。「LUCA」から、まず真正細菌が分かれ、次にある共通祖先から古細菌と真核生物が分かれました（図版作成：長谷川政美）。

【自然の階段】

古代ギリシャの哲学者アリストテレスは、
多様な生き物の中にある秩序を見出そうとして
「自然の階段」を考えました。
無生物の鉱物から植物、昆虫からヒトへと、
単純なものから複雑なものへ連続していますが、
「進化」という発想はありませんでした。

ダーウィンは「進化」を信じていなかった?

もともと神学を学び創造主の存在を信じていました。

ケンブリッジ大学の神学の学生だった若きダーウィンは、アリストテレスが考えた「自然の階段」を学んでいました。ところが、1831年から5年間にわたる英海軍の測量船ビーグル号による調査航海に参加して、世界中の生き物を観察。その結果を踏まえて生物の進化を確信するようになったのです。

共通祖先の化石は見つかっている?

見つかっていません。極めて難しいでしょう。

化石で発見されるのはこれまで存在していた生き物のごく一部です。また、ある2種の共通祖先が中間的な姿をしていることはあまり考えられないため、発見された化石が、現在生きている種の共通祖先であると判定することは極めて難しいのです。

右の3種はいずれもサメの仲間ですが、それぞれ特徴があり、3種の中間的な姿を想像することは難しいでしょう。

Q

酸素を発生する光合成をはじめた最初の生き物は?

25億年ほど前から光合成をはじめた最初の生き物、シアノバクテリアが縞状に堆積したストロマトライト礁。サンゴ礁と同じ石灰質です(オーストラリア)。

A
シアノバクテリアという細菌です。

酸素発生型光合成の起源は、25億年前にさかのぼります。

酸素を発生するのが酸素発生型光合成です。
酸素を発生するシアノバクテリアによる
光合成は、その後の生き物の進化に、
大きな影響を与えました。

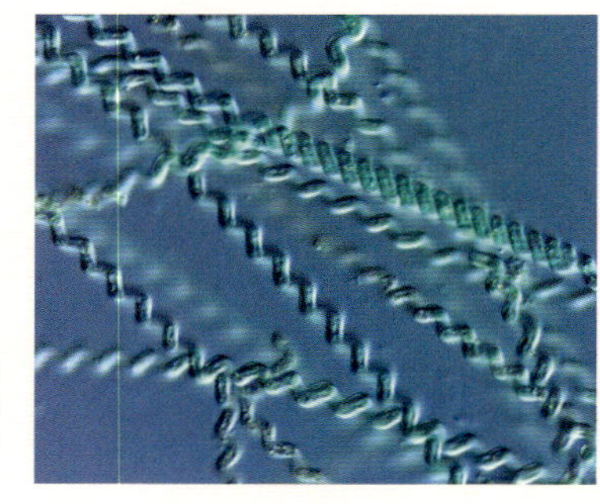

シアノバクテリアの一種。長さ0.3〜0.5mmで、らせん形をしています。シアノバクテリアは食品として利用されていた歴史も古く、人間の暮らしとのかかわりも深い生き物です。

Q ストロマトライトが見られるのはオーストラリアだけ？

A 世界各地で見つかっています。

シアノバクテリアが光合成をはじめる前は、地球上に酸素分子はほとんど存在しませんでした。シアノバクテリアにより大気中の二酸化炭素が消費され、逆に酸素が放出されたことが、生き物の進化にも大きな影響を及ぼしたのです。

ストロマトライトは
シアノバクテリアが
堆積してできました。

ストロマトライトの化石。およそ25億年前のシアノバクテリアなどが層状に積み重なってできたものです（南アフリカ）。

シダとスイレンはどちらも「緑色植物」の仲間として陸上で繁栄しています。ただ、そうなるのは4億年前以降。シアノバクテリアとの共生がはじまってから20億年も後のことです（滋賀県）。

Q2 植物はむかしから光合成していたの？

A 植物と共生したシアノバクテリアが葉緑体に進化しました。

ストロマトライトのように独立して光合成をしていたシアノバクテリアが、植物の祖先の細胞内に取り込まれ、葉緑体に進化することで光合成をする植物となりました。このようにして生まれた植物を「一次植物」と呼びます。

★COLUMN★

新たな植物はいまも生まれている!?

シアノバクテリアが細胞内共生をして葉緑体となった植物を「一次植物」と呼び、緑色植物、褐色植物、灰色植物の3つがあります。この一次植物がふたたび無色の真核生物と共生することで「二次植物」となり、コンブなどが誕生しました。

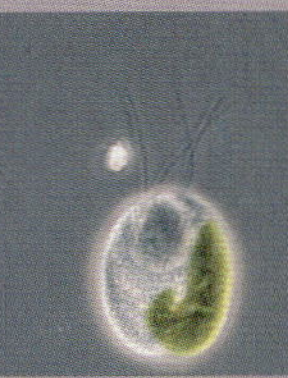
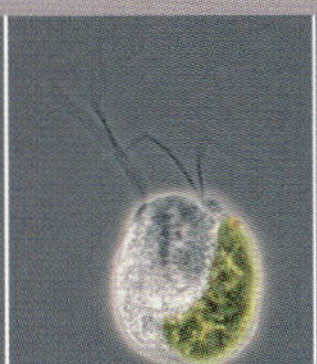
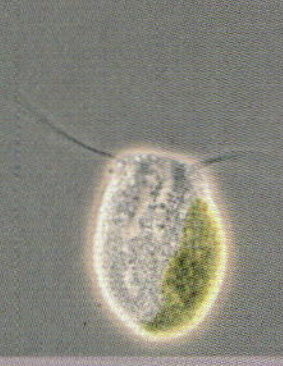
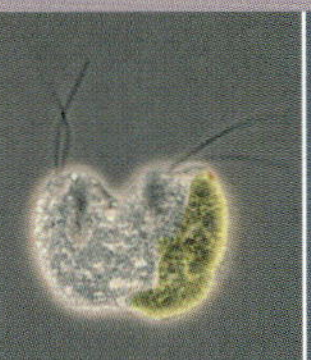
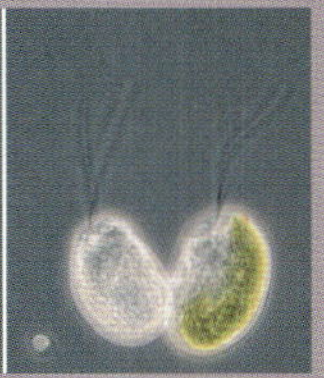

海に住む単細胞生物「ハテナ」は、植物と動物の2つの顔を持つことで知られています。ハテナは、細胞が分裂するに従い（左から右へ）、共生している緑色藻類は右側の細胞だけに引き継がれ、もう一方の細胞には新たに口ができて、まわりの藻類を食べはじめるのです。こうした生態は、光合成をする植物の進化を知る手がかりになると考えられています（写真提供：岡本典子）。

Q 地球上の生き物にとって危機的な出来事はなかったの？

全球凍結では、赤道域の海まで含めて氷に覆われたと考えられています。北極域の氷は厚く、それに比べて南極域の氷は薄かった可能性があります（南極）。

A 約22億年前に起こった「全球凍結」は、最初の大ピンチでした。

全球凍結は「スノーボールアース」とも呼ばれています。

凍らない深い海の底で、細々と命をつなぎました。

全球凍結により表面が氷で覆われて海に太陽光が入らなくなり、
多くの生き物が致命的な打撃を受けました。
このような出来事を「大量絶滅イベント」と呼んでいます。

Q1 全球凍結を生き延びた生き物はどれくらい？

A ほぼ絶滅しました。

地球史上ではいくつもの大量絶滅イベントが起こりましたが、
約22億2000年前の全球凍結はその最初の事件でした。

年代	事件の名前	主な絶滅生物	絶滅の原因
現在	ヒトが引き起こしている大量絶滅		ヒトの活動による環境変化
6600万年前	白亜紀末大量絶滅	非鳥恐竜、翼竜、海生爬虫類、アンモナイト、浮遊性有孔虫	巨大隕石の衝突
2億年前	三畳紀末大量絶滅	哺乳類型爬虫類	火山噴火？
2億5100万年前	ペルム紀末大量絶滅	サンゴ、三葉虫、腕足類、コケムシ類	火山噴火？
3億7500万年前	デボン紀後期大量絶滅	無顎類、板皮類魚類	
4億4400万年前	オルドビス紀末大量絶滅	フデイシ	超新星爆発？ 火山噴火？ 氷河作用
7億3000万年前〜7億年前 6億6500万年前〜6億3500万年前	2回の全球凍結（スノーボールアース） ・スターチアン氷期 ・マリノアン氷期		二酸化炭素、メタンの減少？
22億2000万年前	最初の全球凍結（スノーボールアース） ・マクガニン氷期		二酸化炭素、メタンの減少？

地球史上の主な大量絶滅イベント（図版作成：長谷川政美）。

南極の湖で発見された好冷性細菌の着色走査電子顕微鏡写真です。

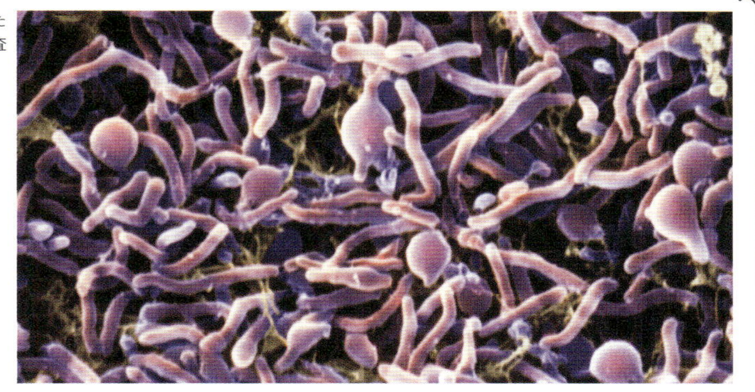

Q2 ものすごく冷たい環境が好きな生き物はいるの？

A 南極の湖から好冷性の極限環境微生物が見つかっています。

「*Rhodoglobus vestalii*」と名付けられた好冷性細菌は、マイナス2度から21度の範囲で成長できます。

Q3 全球凍結はどうやって終わったの？

A きっかけは火山活動でした。

地球上が氷に覆われた状態でも火山活動は続いていました。火山ガスとして二酸化炭素が放出されると、これが温室効果ガスとして働き、全球凍結から抜け出すことができたと考えられています。

アイスランド南部にある氷河に覆われたエイヤフィヤトラヨークトル火山の噴火の様子（2010年4月）。光っているのは噴火で発生した火山雷です。噴火は氷河の一部が吹き飛ぶほどの大きさでした（アイスランド）。

Q
地球に酸素は
むかしからあった？

美しい地球の環境は、その46億年という歴史において、さまざまな要因でいつも変化し続けています。

A
全球凍結のあと、爆発的に
酸素濃度が上昇しました。

急激な酸素濃度の上昇は、地球の異常事態でした。

全球凍結までは、大気中の酸素濃度は現在の100万分の1程度でしたが、
全球凍結のおよそ100万年後には現在とほぼ同じレベルにまで達しました。
大気中の酸素が急激に増えたこの出来事は、「大酸化事変」と呼ばれています。

Q1 なぜ大気中の酸素が急激に増えたの?

A 酸素発生型のシアノバクテリアが爆発的に増えたからです。

全球凍結後の地球は、火山活動によって放出された二酸化炭素が大気中に大量に蓄積したため、その温室効果により、平均気温は60℃を超えるような高温だったと考えられています。そうした環境下で、大陸表面が風化侵食され、生物にとって必須元素であるリンが大陸から海へ大量に供給されました。

「大酸化事変」で堆積した縞状鉄鉱層(幅35cm)。シアノバクテリアが放出した酸素分子が海水中の鉄分と反応して酸化鉄に変わり、鉄さびが海底に堆積しました。このような鉄鉱石は世界各地で見られ、のちに人類が鉄器を使った文明を発達させるのに貢献したのです(オーストラリア)。

地球の酸素は増え続けたの？

A

繰り返し訪れる温暖期に増え、寒冷期には減りました。

最終的に現在のレベルに落ち着いたのは、6億5000万年前の全球凍結のあとでした。

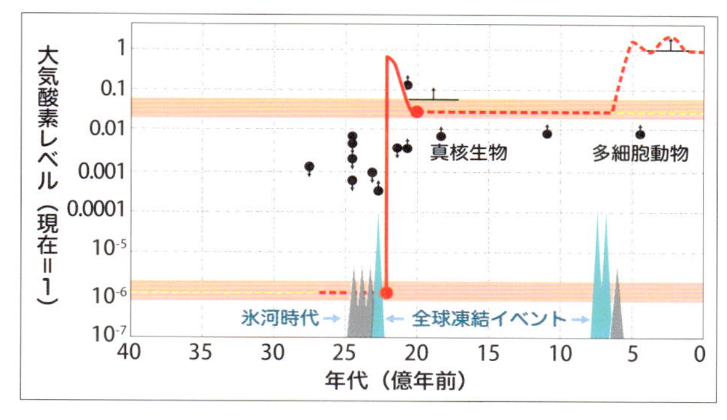

コンピュータ・シミュレーションによって得られた地球大気中の酸素レベル（赤色）の変化の様子です。3つの水色のピークが全球凍結を示しています。酸素レベルは、最初の全球凍結の直後から急激に上昇したあと、1億年ほどかけて現在の100分の1近くまで低下しました。その後、6億5000万年前の全球凍結の直後から再び上昇し、最終的にほぼ現在のレベルに落ち着きました（Harada, Tajika & Sekine, 2015, Earth Planet. Sci. Lett. 419, 178-186 の Fig. 3 を改変）。

昔からオゾン層はあったの？

大酸化事変の頃からありました。

シアノバクテリアの継続的な活動により酸素が豊富にあった証拠でもあります。

南極湖沼の湖底で発見された「コケボウズ」は、コケ、藻類、そしてシアノバクテリアなど、いろいろな生き物がタケノコ状に形作られたものです。大きなものには高さ80cmになるものも。ちなみにこの写真は、南極調査のために新たに開発された小型水中無人探査機（ROV）にて撮影されました（写真提供：後藤慎平／東京海洋大学）。

Q

真核生物は いつ頃誕生したの？

キタリスとヤマドリタケ、そのまわりを植物が取り囲んでいます。まったく違うように見える生き物ですが「真核生物」の仲間です。

A

18～21億年前です。

細胞内に核をもつ生き物はすべて
「真核生物」です。

バクテリアが共生して、真核生物が生まれました。

もともと私たち真核生物の祖先は古細菌に近縁でした。
そのような真核生物の祖先に、真正細菌が共生することで、
細胞内小器官のミトコンドリアが生まれ、
真核生物が生まれたと考えられています。

Q1 最初の真核生物はどのようなものだったの？

A コイル状で肉眼で見える生き物でした。

最初の全球凍結後、いまからおよそ21億年前の地層から、「最古の真核生物」と言われるグリパニア・スピラリス（*Grypania spiralis*）の化石が見つかっています。

肉眼で見える最初の生物。コイル状のグリパニア・スピラリスの化石（アメリカ）。

Q2 私たちの体の中でミトコンドリアはなにをしているの？

A 細胞内でエネルギーを生み出しています。

ミトコンドリアは、酸素呼吸を通して、"エネルギーのお金"とも呼ばれる「ATP」をつくっています。このエネルギーのお陰で私たちは生きているとも言えるのです。

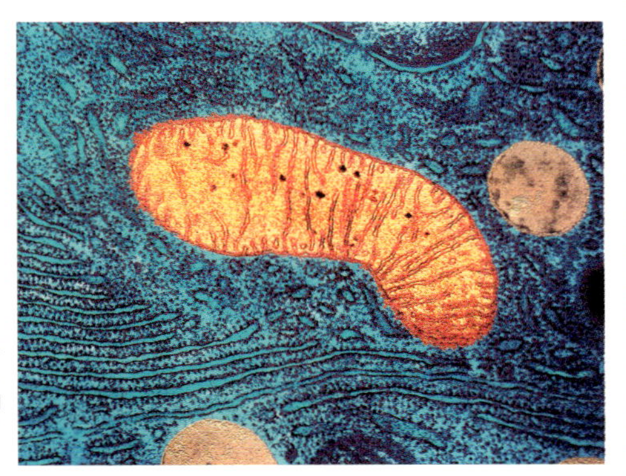

草履のような形のミトコンドリアは、外側と内側に2重の膜がありますが、それはもともと別々の生き物だった名残です。しかも独自の遺伝子を持ち、細胞質の内側で、酸素呼吸により、"エネルギーのお金"であるATPをつくっています。

★COLUMN★

細菌の共生関係が生まれた理由 ── 水素仮説とは？

水素と二酸化炭素を必要とするメタン生成菌（古細菌）が、その両方を放出する真正細菌を取り込んだと考えるのが「水素仮説」。この取り込まれて共生するようになった細菌がいずれ、ミトコンドリアなどに進化したという考えです。

ミトコンドリアの起源に迫る「水素仮説」

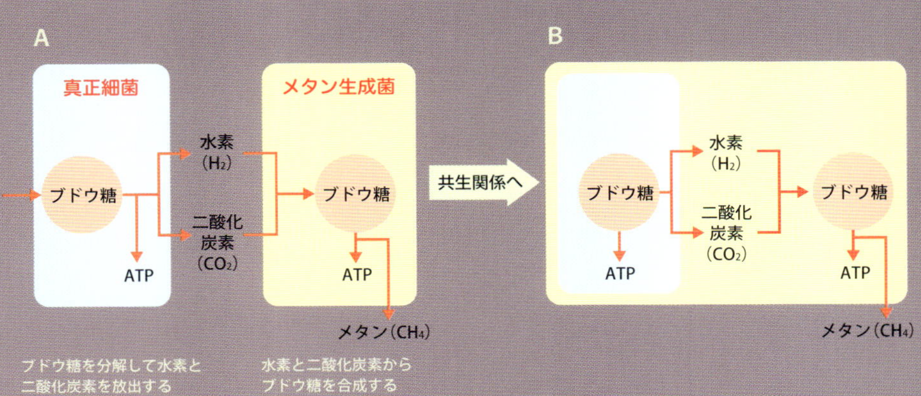

Aは独立して生きていた真正細菌とメタン生成菌が近くで生きている状態。Bは両者が共生している状態。この共生関係からミトコンドリアが進化したと考えられています（作成：長谷川政美）。

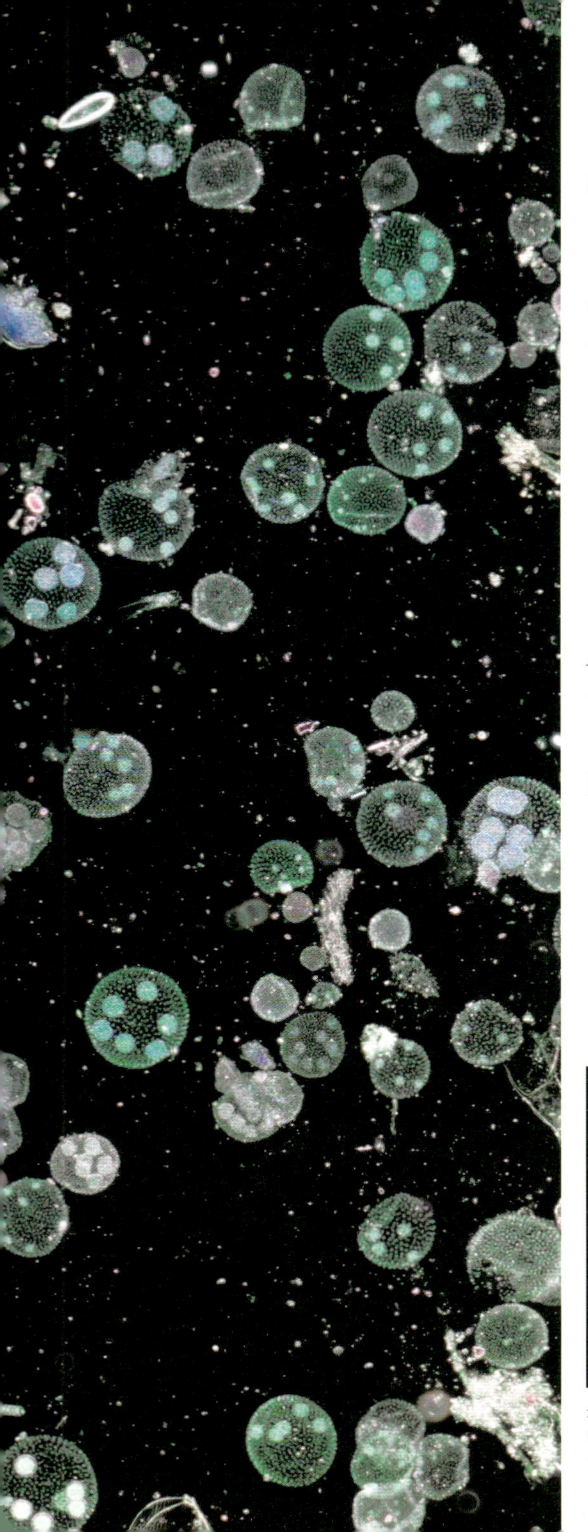

Q
メスとオスが誕生したのはいつ？

A
15億年ほど前に出現しました。

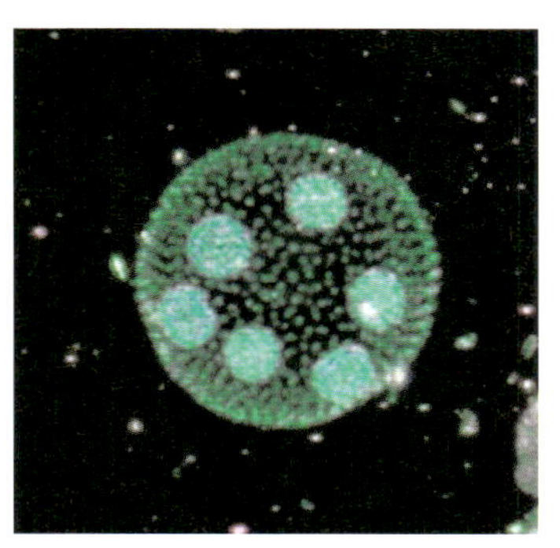

淡水のプランクトン。薄緑色の丸い生き物が緑藻類のボルボックスです。私たち人間と同じような「卵生殖」をします。

真核生物の共通祖先の段階で「性」が誕生しました。

雌雄が交配して子孫を残す有性生殖の際に生じる、
減数分裂の像と思われる化石が、15億年前の地層から見つかっています。

Q1 有性生殖をした最初の生き物は？

A クラミドモナスのような
単細胞生物でした。

クラミドモナスは有性生殖の際につくられる細胞である配偶子で、同じ形の配偶子同士が接合する同形配偶子接合をします。その特性から、性の起源を探る研究によく使われています。

クラミドモナス（藻類）の着色走査電子顕微鏡写真。

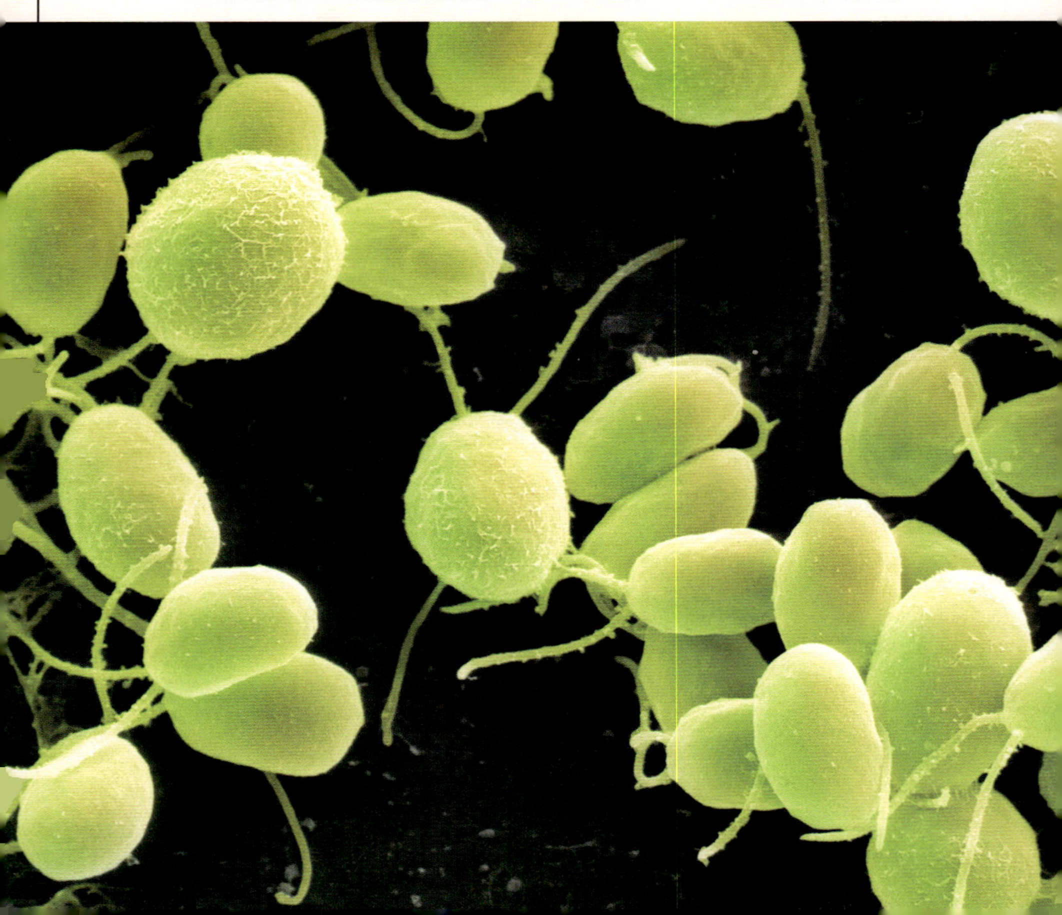

Q2 メスとオスの違いはなんですか？

A 配偶子の大きさです。

2つの性が出会って次世代をつくる有性生殖をする2つの配偶子のうち、大きいほうがメス、小さいほうがオスです。

アオサの仲間は私たちヒトと同じように、大きさの異なる配偶子による異形配偶接合を行います。

Q3 多細胞植物が誕生したのはいつ？

A いまから10億年ほど前です。

単細胞生物から多細胞生物、無性生殖から有性生殖への進化の謎を解くカギの生き物としてボルボックスが注目されています。ボルボックスは単細胞生物のクラミドモナスが多細胞化したものと考えられています。また、通常、無性生殖で殖えますが、条件次第で有性生殖を行います。大きくてじっとしている卵に向かって、小さくて動ける精子が泳いで結合する「卵生殖」という受精をするのです。

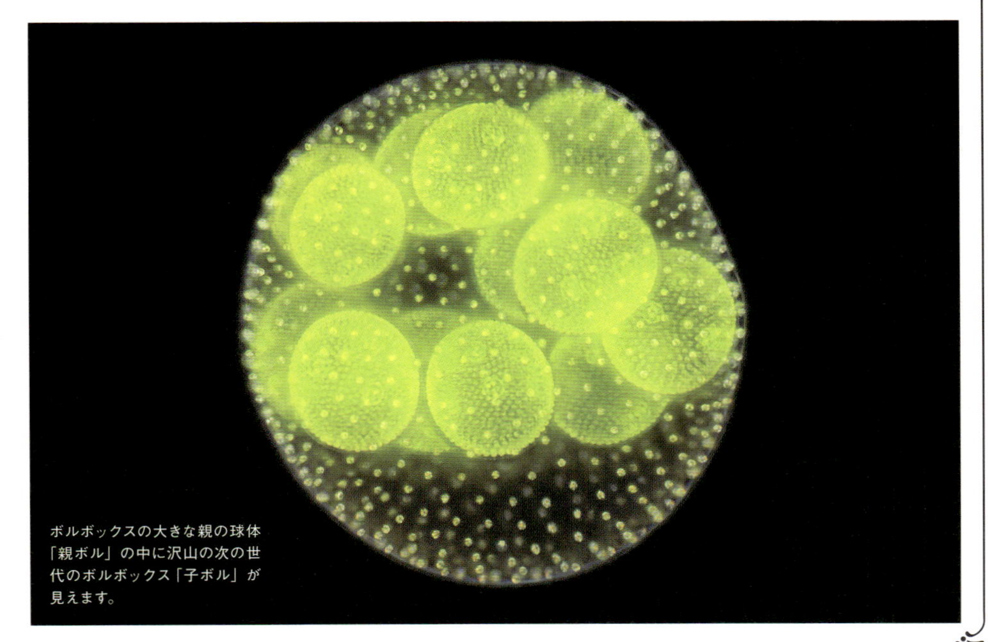

ボルボックスの大きな親の球体「親ボル」の中に沢山の次の世代のボルボックス「子ボル」が見えます。

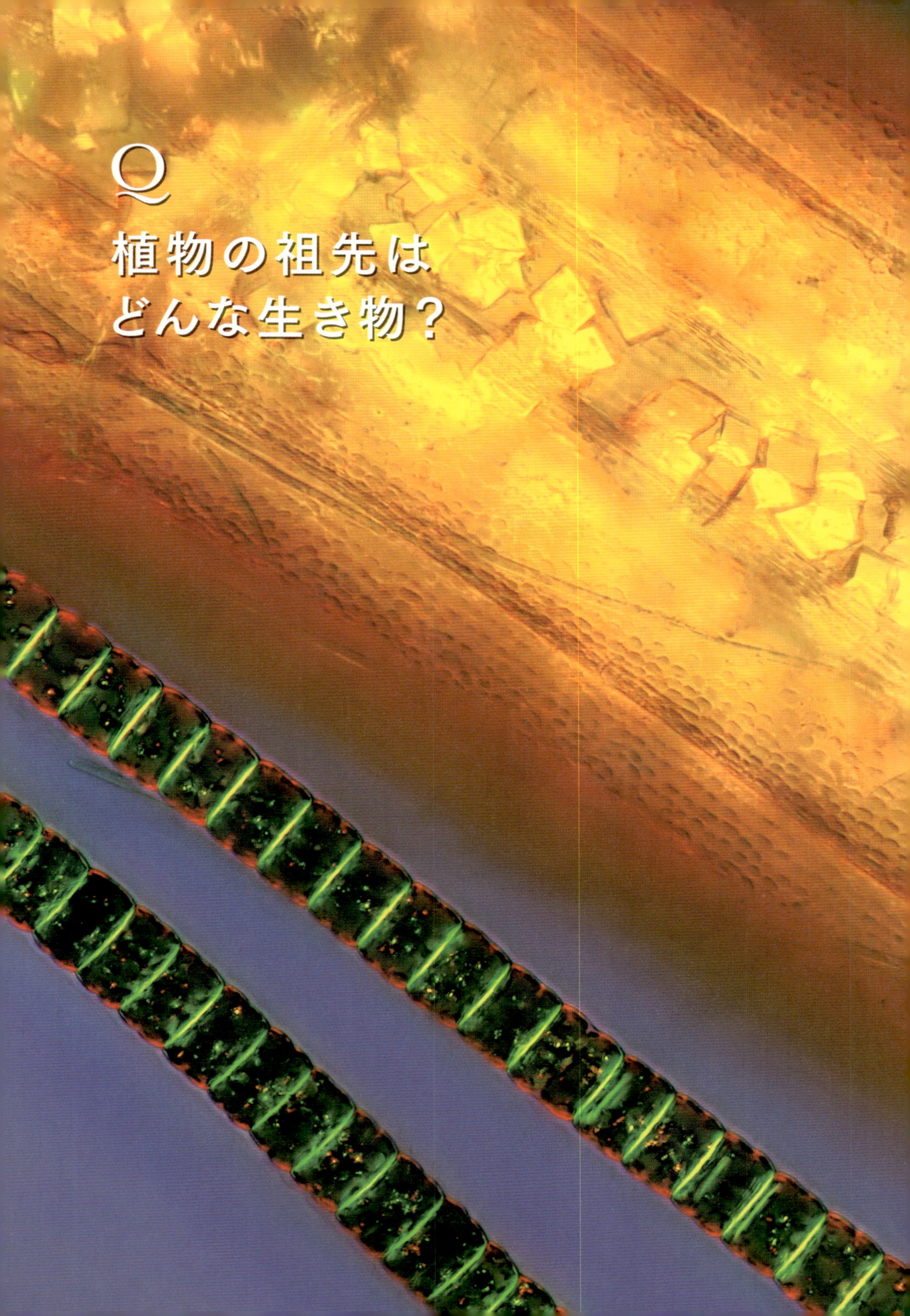

Q
植物の祖先は
どんな生き物？

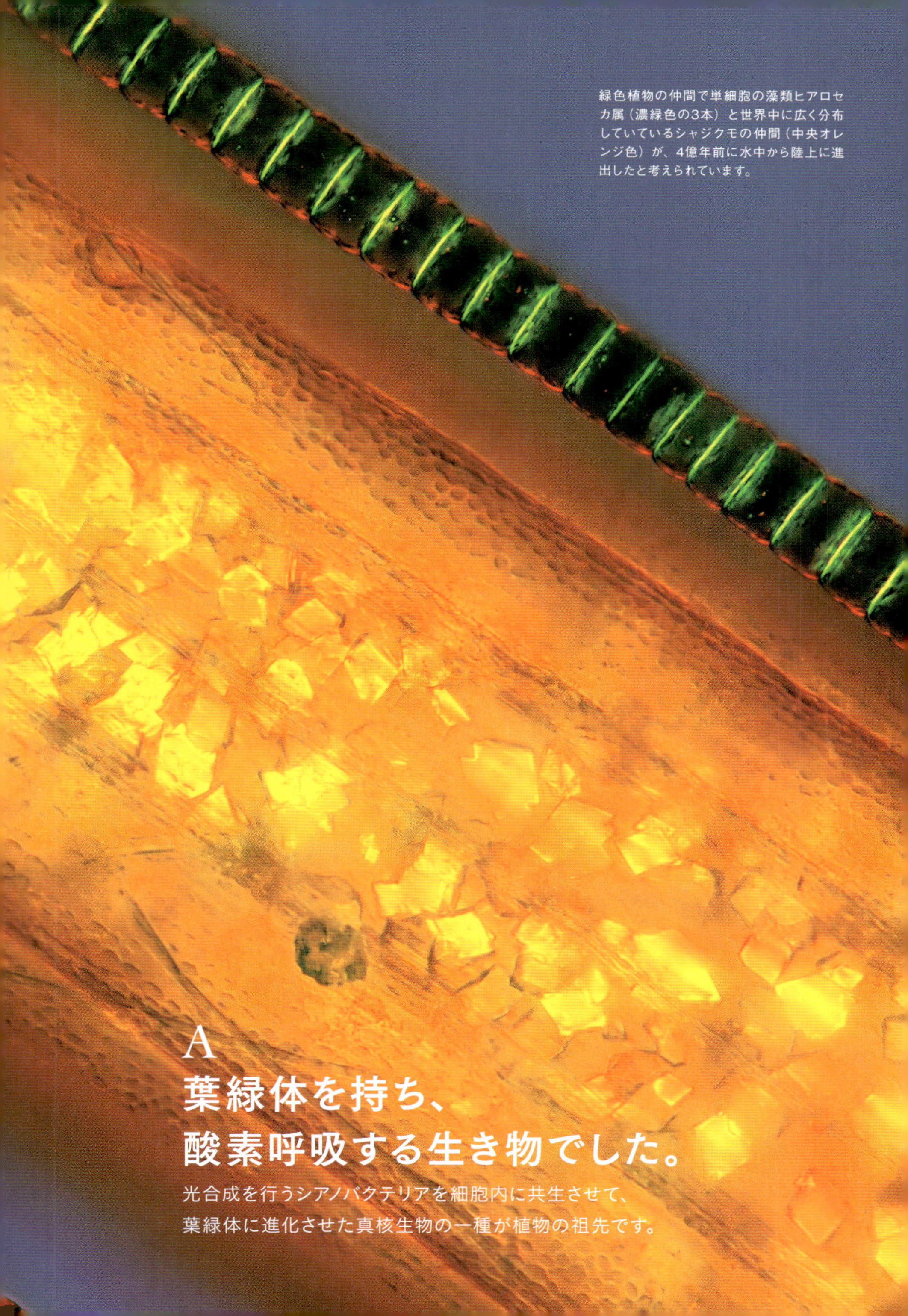

緑色植物の仲間で単細胞の藻類ヒアロセカ属（濃緑色の3本）と世界中に広く分布していているシャジクモの仲間（中央オレンジ色）が、4億年前に水中から陸上に進出したと考えられています。

A
葉緑体を持ち、酸素呼吸する生き物でした。

光合成を行うシアノバクテリアを細胞内に共生させて、葉緑体に進化させた真核生物の一種が植物の祖先です。

動物や菌類が進化したのは、植物のおかげです。

もし植物がなかったら、
動物や菌類は進化しませんでした。
食べる植物がなければ植物食動物が進化することなく、
それを食べる肉食動物も進化できなかったからです。

Q1 植物とヒトの共通祖先はいる？

A 15億年ほど前にいたと考えられています。

植物とヒトの共通祖先は、自分で栄養を作りだす独立栄養型ではなかったので、細菌や、ほかの生き物を食べて栄養を得る従属栄養型の真核生物を食べていました。どのような姿だったか気になりますが、共通祖先の化石が出ることはほとんど期待できないため、その姿を明らかにしたり、どのような姿だったかを想像するのは困難です。

緑藻植物のサボテングサに擬態するニシキフウライウオ。海の生き物たちは植物を食べるだけでなく利用することもあります（インドネシア）。

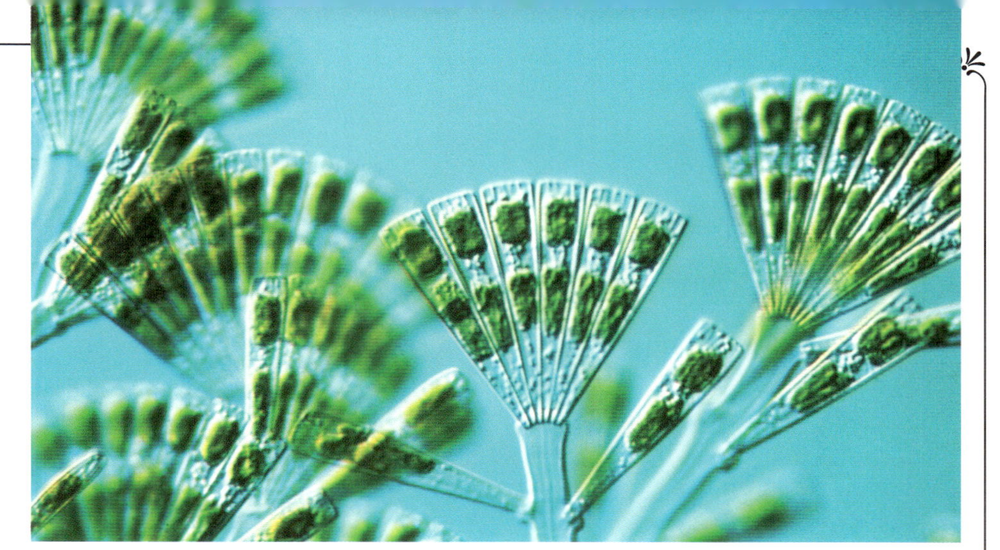

扇型で群生するオウギケイソウの一種。淡水域の岩や水草に付着して暮らす底生の単細胞生物で、丸い形に見えるのが葉緑体です。

Q2 緑色の植物が多いのはなぜ？

A 緑色の葉緑体を持っているからです。

葉緑体はもともと独立したシアノバクテリアという細菌で、植物の祖先と共生したあとに進化して葉緑体となりました。緑色に見えるのは、葉緑体の中の葉緑素（クロロフィル）が、赤色と青色の光を吸収して光合成に利用しているため。吸収されない緑色の光が反射して見えているのです。

★COLUMN★

褐色や紅色の植物「藻類」も葉緑体の色を反映

植物には「緑色植物」という大きなグループのほかに、コンブやワカメのように褐色の葉緑体をもつ「褐藻植物」や、アサクサノリやテングサのような紅色の葉緑体をもつ「紅藻植物」がいます。いずれもいわゆる植物で、自分で栄養を作りだす独立栄養型の生き物です。

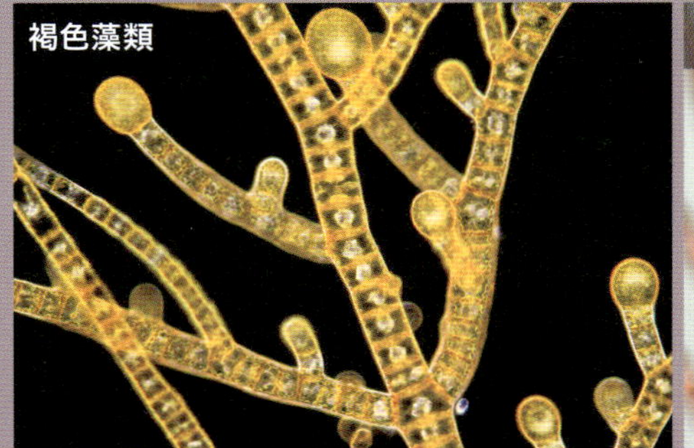

褐色藻類

紅色藻類

Q
動物の祖先は どんな生き物だったの？

有櫛動物(ゆうしつどうぶつ)のクシクラゲ。体長は、1.5〜10㎝ほど。クラゲという名前ですが刺胞動物（しほうどうぶつ）のクラゲではありません。体のまわりの繊毛（せんもう）を動かして移動することができます。

A
クシクラゲのような
姿をしていた可能性
があります。

動物は単細胞から多細胞へ、ゆっくりと進化してきました。

クシクラゲよりも進化をさかのぼると、
キノコなどの菌類と動物の共通祖先にたどりつきます。
この共通祖先は単細胞の生き物でした。
このような単細胞生物が進化をして多細胞生物になったのです。

Q1 単細胞の動物の祖先はどんな生き物ですか？

A 襟鞭毛虫（えりべんもうちゅう）のような小さな生き物でした。
※立襟鞭毛虫とも呼ばれます。

近年、遺伝子を調べることで、動物にいちばん近い単細胞生物ということが分かってきたのが襟鞭毛虫です。その襟鞭毛虫に細胞と細胞をくっつける遺伝子があるか調べたりして、動物の祖先を探る研究が進められています。

単細胞の襟鞭毛虫が集合して、まるでお花のように見えるコロニーをつくっています。近年、私たち動物にいちばん近い生き物として襟鞭毛虫が注目を集めています。

サンゴ礁に生息しているカイメンの一種。「Orange elephant ear（オレンジ色のゾウの耳）」と呼ばれています（カリブ海）。

Q2 見つかっている世界最古の動物の化石はなに？

A ナミビアで見つかったカイメンの一種の動物化石です。

カイメンには筋肉と神経系がないため、クシクラゲなどの有櫛動物（ゆうしつどうぶつ）よりも動物の祖先に近いと考えられていました。ところが、単純な神経系をもつクシクラゲのほうが動物の祖先に近い可能性が出てきました。つまり、カイメンは進化の過程で持っていた神経系を退化させたかもしれないのです。ちなみに、世界最古のカイメンの化石が発見されたのは7億6000万年前の岩石でした。

★COLUMN★

美しい姿のカイメン カイロウドウケツ

カイロウドウケツは海洋生物のカイメンの一種です。二酸化ケイ素の骨片による美しい姿をしていて、英名は「Venus' Flower Basket（ビーナスの花かご）」です。

Q

最古の大型動物について教えて。

エディアカラ生物群のマウソニテスの化石(直径12cm ほど)。一見、花のように見えますが、クラゲ型の生き物だったことが分かっています(オーストラリア)。

A

６億年前の地層から見つかったエディアカラ生物群が知られています。

エディアカラ生物群は多細胞生物でしたが殻や骨格はありませんでした。
化石はオーストラリア、ナミビア、ロシア、カナダなど世界各地で見つかっています。

エディアカラ生物群の化石は偶然発見されました。

全球凍結の時代を細々と生き延びた生物は、
氷の時代が終わると多様な生物群としていっせいに現れました。
これがエディアカラ生物群です。
それまでの生物にくらべて非常に大きく、中には1mを超えるものもいました。
現在生きている私たち動物との繋がりは不明のため、
「動物群」ではなく「生物群」と呼んでいます。

オーストラリアの
エディアカラ丘陵から
最初に発見されたことから
こう呼ばれています。

Q エディアカラ生物群はなにを食べていたの？

A 海水中の微生物です。

植物の葉のような形をしているカルニオディスクス（写真・右）は、下に伸びた茎のような部分を海底に固定して、水に揺れながら広い葉のような部分で海中を浮遊する餌を食べていました。

海に住んでいたエディアカラ生物群のいろいろな生き物たちの化石。ディッキンソニア（左上）は体長1mほどになりますが厚さは3mmと薄い体でした。シクロメデューサ（左下）は全長30cmほどでクラゲのような姿でした。カルニオディスクス（右）も薄く、海底に固着していたと考えられています（オーストラリア）。

Q2 いま生きている動物との関係は？

A カルニオディスクスはウミエラの祖先だという研究者もいます。

ウミエラはサンゴやイソギンチャクの仲間で刺胞動物門（しほうどうぶつもん）に分類される動物です。エディアカラ生物群と現在の動物の関係についてはハッキリしていませんが、多くの研究者が刺胞動物に近いものであったらしいと考えています。

魚のエラがずらりと並んでいるように見えることから「ウミエラ」と呼ばれています。植物のようですが、砂地に潜ったり、移動したりもできます。サンゴのようにポリプを持ち、そこで水中のプランクトンを捕らえて食べています。

Q3 エディアカラ生物群のような大きな生物が現れたのはなぜ？

A 地球上の酸素濃度が現在のレベルに達したからです。

6億5000万年前の全球凍結のあとに酸素濃度が上昇しました。動物の運動性は効率のいい酸素呼吸によって支えられているため、酸素が豊富にある環境になることで、より大きな動物が繁栄できるようになったのです。

エディアカラ紀の海の中の様子（想像図）。エディアカラ生物群は扁平なものが多かったと考えられています。

Q いま地上にいる生き物にとって影響の大きかった出来事って?

A　カンブリア大爆発です。種の数が一気に増えました。

古生代カンブリア紀の海の様子（想像図）。捕食性動物のアノマロカリスが2匹、海中を泳いでいます。体長は1mほど、バージェス動物群を代表する生き物で、現在の節足動物（せっそくどうぶつ）との系統的な関連が注目されています。

動物の大きなグループ「門」はカンブリア紀に出揃いました。

5億400万年前に起こった生物の爆発的な進化のことを
カンブリア紀に起きたことから「カンブリア大爆発」と呼びます。
カナダ西部のバージェス頁岩に閉じ込められた当時の動物の化石は、
節足動物、環形動物、軟体動物、脊索動物など、
明らかに現存する30ほどの動物門（大きなグループ）に
属するものが多く含まれていたのです。

Q1 当時の最強の動物は？

A アノマロカリスです。

魚類が現れるまで、地球最古の大型捕食動物として繁栄したと考えられています。視力はよく、昆虫や甲殻類並みの視力だったようですが、近年、歯の化石や噛む力の研究が進み、顎（あご）の力は弱かった可能性が指摘されています。

5億400万年前のバージェス頁岩で発見されたアノマロカリスの触手の化石。2本のトゲで覆われた触手で獲物を捕らえて口に運んでいたと考えられています（カナダ）。

バージェス動物群の化石が発見されたカナダ西部のバージェス頁岩。剥がれやすい頁岩に閉じ込められた多種多様な動物の化石は、現存する動物門に属するものが多く含まれていました。それらはおよそ5億400万年前のカンブリア紀中期の化石です（カナダ）。

Q2 カンブリア紀の動物の化石が発見されたのはいつ？

A 1909年に古生物学者のチャールズ・ウォルコットが偶然発見しました。

化石コレクターでもあったチャールズ・ウォルコットが、カナディアンロッキーの山中を進んでいるとき、乗っていたラバが足を滑らせ、その蹄鉄（ていてつ）が山道の頁岩に当たって割れ、そこに化石があることに気がついたと言われています。

【化石ギャラリー】

カンブリア紀に現れたバージェス動物群の化石（ロイヤル・オンタリオ博物館所蔵）。
すべての化石が、いま生きている動物と強い結びつきを持っています。

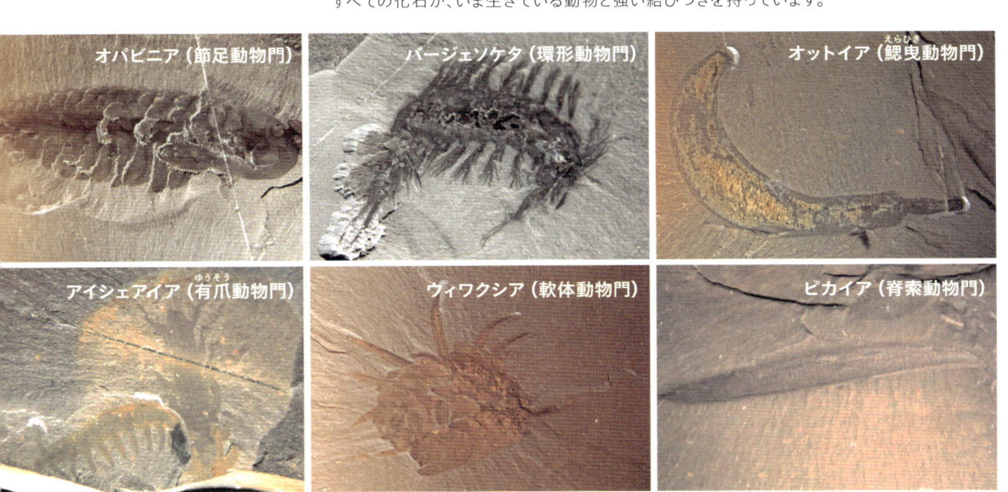

タワー型の複眼の目に特徴がある三葉虫の化石。見えてはいたけれども、視力はそれほど良くなかったようです（モロッコ）。

Q
最初に
目を持った生き物は
なんですか？
A
三葉虫など、
カンブリア紀の
動物です。

ダーウィンが生きていた頃、最古の動物化石は三葉虫でした。

当時の多くの人々は、創造主がカンブリア紀に
三葉虫のような複雑な生物をつくったと考えました。
しかし、ダーウィンは、カンブリア紀よりも古い時代の化石が、将来、見つかることに
進化論の正しさが立証される希望をつないだのです。

Q1 三葉虫は昆虫なの？

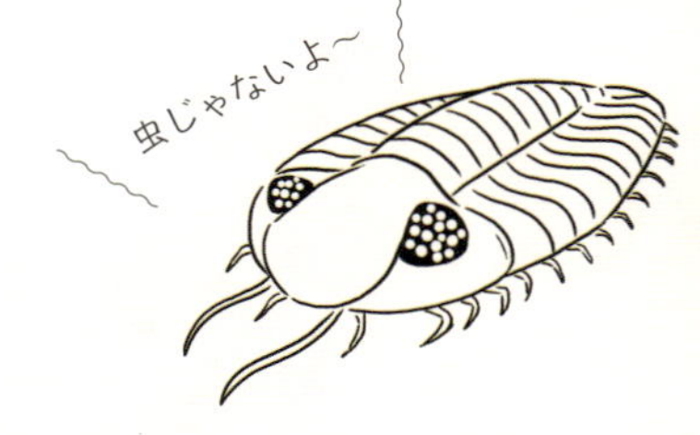

A 節足動物の仲間ですが、昆虫とは違うグループです。

三葉虫は1万5000種いたとされ、その姿はトゲを持ったものなど多種多様です。そうした姿の多様性は、三葉虫がトンボと同じような複眼の目を持ち、視力があったために起こった進化ではないかと考えられています（前ページ写真参照）。仲間やほかの動物から見えていなければ、姿を複雑にする必要もなかったからです。

古生代デボン紀の三葉虫の化石。三葉虫は、汎甲殻類、クモ類、ダニ、サソリなどの節足動物の仲間です。

Q2 三葉虫と同じように古生代に繁栄した生き物について教えて。

A フズリナという有孔虫(ゆうこうちゅう)がいます。

有孔虫は地球上の海に広く生息している単細胞生物で石灰質の殻を作ります。その数はカンブリア紀から現在まで数万種にのぼると言われています。大きさは数ミリ以下のものが多いのですが、フズリナには1cmになるものも現れました。ちなみに、沖縄のお土産にもなっている「星砂」は有孔虫の殻です。

石炭紀の地層から産出したフズリナの化石。有孔虫の一種で、古生代の海に広く生息していたため、同時代の環境を反映している生き物として「示準化石（しじゅんかせき）」とされています。

Q3 ヒトと同じ脊椎動物(せきついどうぶつ)の祖先は、古生代にもいたの？

A 脊索動物(せきさくどうぶつ)のピカイアがいました。

ピカイアは体長4cmほど（化石の写真はP59）。古生代は、節足動物などの無脊椎動物が多い中、ピカイアは私たちヒトや魚などの脊椎動物が持つ背骨の原型となる脊索をもっていました。

ピカイア（想像図）は、いま生きている脊索動物のナメクジウオに似た姿だったと考えられています。ちなみに、ナメクジウオは、名前に「ウオ」がついていますが魚ではありません（詳しくはP70）。

インド洋の浜辺の植物。

Q

植物はいつから陸上にいるのですか?

A

4億5000万年前からです。

最初に陸上に現れたのは、地衣類の仲間でした。

地衣類は菌類と藻類の共生体です。
土壌の形成にも重要な役割を果たし、最初に陸上に現れた地衣類が、
植物が陸上に進出するための条件を整えたと考えることもできます。

Q 地衣類は、どうやって土壌をつくったの？

A 酸性物質を出して岩を溶かして細かく砕きました。

北極から南極まで、また高地にも生育できる地衣類が、地球上のあらゆる岩を砕いて土をつくり、
また、地衣類が死んだあとの死骸も土になりました。

世界遺産アンコールワット（カンボジア）の石仏。白く見えるのが地衣類で、同遺跡では、地衣類やコケ類による石像への影響について調査研究がされています。

緑藻類（りょくそうるい）のシャジクモ。緑藻類は海から淡水へ進出して、やがて陸上へ生きる場所を広げながら進化したと考えられています。

Q2 コケの祖先はどういう生き物？

A シャジクモに近い仲間です。

4億5000万年前、緑藻類の中でシャジクモに近い仲間が陸上に進出し始めました。陸上で生きていく仕組みを進化させて、やがてコケ類に進化したのです。

Q3 はじめて根をもった植物は？

A シダです。

コケにも毛のような「仮根（かこん）」が生えていて壁などにも定着しますが、本来の根の機能である水分などの吸収はせず、その場にくっつくだけの役割を果たします。その点、シダの根はその後進化した種子植物の根と同じ働きをします。

水たまりに茂る苔むした植物とシダ（ニュージーランド）。

Q

背骨をもった生き物が誕生したのはいつ？

ナマズの仲間であるトランスルーセントグラスキャットフィッシュは、体が半透明なので骨がよく見えます。体長5〜10cmほどで観賞用の魚として人気があります。

A
4億5000万年ほど前の
オルドビス紀です。

脊椎動物の進化の秘密が、ナメクジウオに隠れています。

背骨のような「脊索」をもつナメクジウオは、
背骨をもつ脊椎動物の祖先だと考えられています。
そこで、私たち脊椎動物の進化の謎を解くために、
ナメクジウオの形や遺伝子の研究が世界中で進められています。

ナメクジウオは、愛知県蒲郡市三谷町と広島県三原市が生息地として国の天然記念物に指定されている貴重な生き物です。

Q 脊椎動物の進化の手がかりになる生き物はほかにもいないの?

A ホヤは尾索動物という私たち脊椎動物の親戚です。

ホヤは成体になると海底に固着して、体内に出し入れする水に含まれる微生物を食べて生きています。幼生の時期にはオタマジャクシの形をしていて、尾をふって泳ぐことができます。

マボヤの成体。私たちヒトを含む脊椎動物との共通祖先から進化した「尾索動物」の仲間です。

Q2 最初の脊椎動物はどんな生き物だったの？

A 顎（あご）のない円形の口をもっていた生き物でした。

ヤツメウナギやウミヤツメの仲間で無顎類（むがくるい）あるいは円口類（えんこうるい）と呼ばれているのが、最初の脊椎動物です。この中から顎をもった魚類である軟骨魚類と硬骨魚類が進化したと考えられています。

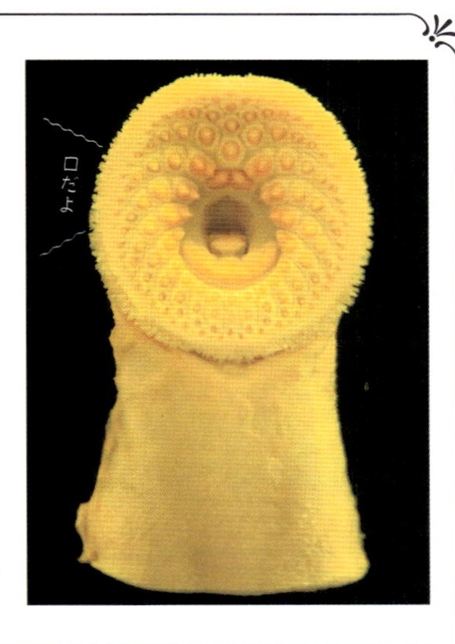

ウミヤツメは円形の口に特徴があります。ヤツメウナギの口も同じように円形です。

Q3 魚の中で、私たちヒトに近い生き物は？

A シーラカンスやハイギョです。

硬骨魚類の中で、シーラカンスやハイギョは肉鰭類（にくきるい）と呼ばれ、ふつうの魚とは異なり肉質のヒレを持っています。この独特なヒレが進化をして、地を這うことができるようになり、やがて私たちの手足になったのです。それ以外の魚屋さんで出会う魚たちは条鰭類（じょうきるい）と呼びます。

1938年に南アフリカ沖ではじめて捕獲された現生シーラカンスの標本です（南アフリカ・イーストロンドン博物館所蔵）。この標本は、現生種を記載する論文に用いられたので「模式標本」と呼ばれます。

Q サンゴは植物？

海中の色とりどりのサンゴ礁の生き物たち。サンゴは褐虫藻（かっちゅうそう）と共生をしていて、サンゴの骨格は堆積してやがて地形となります（インドネシア）。

エディアカラ生物群と、現在の動物との関係は……。

カンブリア大爆発（P56）が起こる前の時代に繁栄していた、
エディアカラ生物群（P52）との繋がりを指摘されているのが刺胞動物（しほうどうぶつ）です。
しかし、現在の動物の系統なのかどうかはまだハッキリしていません。

Q 動物はいつから左右対象になったの？

A カンブリア大爆発の前に、すでに左右相称動物（さゆうそうしょうどうぶつ）は出現していました。

「左右相称動物」は耳慣れない言葉かもしれませんが、体の中心線をはさんで左右対称になっている動物のことです。動物の中で刺胞動物、有櫛動物（ゆうしつどうぶつ）、海綿動物（かいめんどうぶつ）を除いたすべての動物です。私たちヒトもイカもウニも昆虫も含まれます。動物が進化して能動的に動くようになると、体の前後の区別が生じ、さらに体に重力が働くため上下の区別もできました。体の左右には特に差がないので、左右相称になったのです。

左右相称動物の生き物たち。

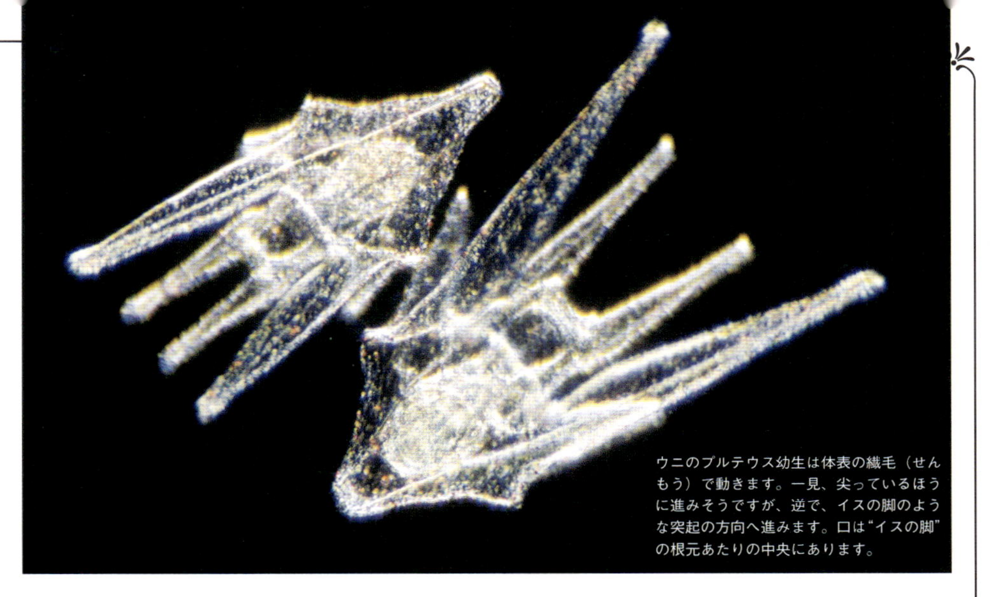

ウニのプルテウス幼生は体表の繊毛（せんもう）で動きます。一見、尖っているほうに進みそうですが、逆で、イスの脚のような突起の方向へ進みます。口は“イスの脚”の根元あたりの中央にあります。

Q2 左右相称動物の特徴は？

A 口が体の前方にあります。

初期の動物の中でより高い運動性を獲得した生き物が現れると、捕食のために体の前方に口ができ、前後の軸が生じた結果として左右対称性が生まれました。

Q3 生き物の口はどうやってできるの？

A 原口（げんこう）が口になる前口動物（ぜんこうどうぶつ）、そうではない後口動物（こうこうどうぶつ）がいます。

発生の過程で受精卵のへこみからできる「原口」が口にならず肛門になり、口は別に形成される生き物のことを「後口動物」と呼びます。ウニなどの棘皮動物（きょくひどうぶつ）のほか、ナメクジウオや魚、そして私たちヒトを含む脊索動物（せきさくどうぶつ）からなります。一方、原口がそのまま口になる昆虫やイカなどの軟体動物は「前口動物」と呼ばれます。

ニッポンウミシダ

ガンガゼ

ガンガゼとニッポンウミシダの成体。どちらも棘皮動物の仲間です。その姿は左右相称ではなく、中心軸に対して多くの相称面を持つために星型になる。放射相性のように見えますが、どちらも幼生のときは左右相称です。

Q 昆虫の祖先も海にいたの？

カブトガニはいわゆるカニではありませんが、昆虫と同じ節足動物（せっそくどうぶつ）の仲間です。古生代からほとんど姿を変えていないので「生きた化石」と称されます。

A
4億3000万年ほど前に
海から陸上に進出しました。

動物の中では昆虫の祖先が、陸上にいち早く進出しました。

4億1900万年〜4億4400万年前のシルル紀に、
ミジンコのような甲殻類（こうかくるい）の中から陸上に進出する動物が現われました。
さらに、その中から翅（はね）を発達させて空中に飛び出すものが現われたのです。
これらの子孫が、現在の地球上でいまもなお繁栄している昆虫です。

Q1 最初に海から陸上に進出した動物は？

A トビムシなどの節足動物です。

スコットランドにある4億年前の地層から、トビムシの仲間が最古の昆虫に近い節足動物化石として報告されています。近年、より古い時代の地層から翅のあるタイプに近い昆虫の化石が見つかり、研究が進められています。

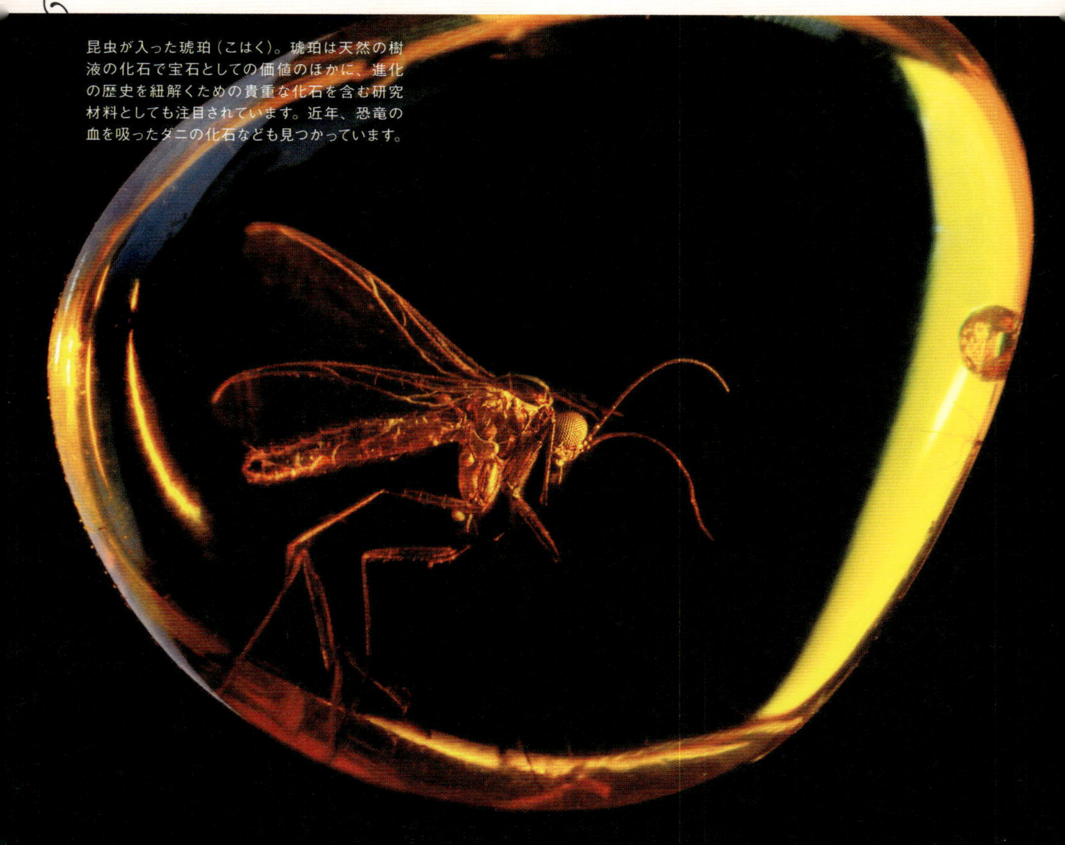

昆虫が入った琥珀（こはく）。琥珀は天然の樹液の化石で宝石としての価値のほかに、進化の歴史を紐解くための貴重な化石を含む研究材料としても注目されています。近年、恐竜の血を吸ったダニの化石なども見つかっています。

Q2 昆虫はどうして飛べるようになったの？

A 水中で生活するときに使っていた鰓脚が翅に進化しました。

鰓脚は水中を進むために使われるとともに、水中から酸素を取り入れるのに使われます。「ホメオティック遺伝子」という特別な遺伝子が働き、鰓脚が前翅（ぜんし）と後翅（こうし）に進化。まずトンボのように前後の翅が似たようなタイプが生まれ、その後、カブトムシのように、前翅が硬く、膜状の後翅を羽ばたいて飛ぶタイプが現れました。

【昆虫の口器の多様化】

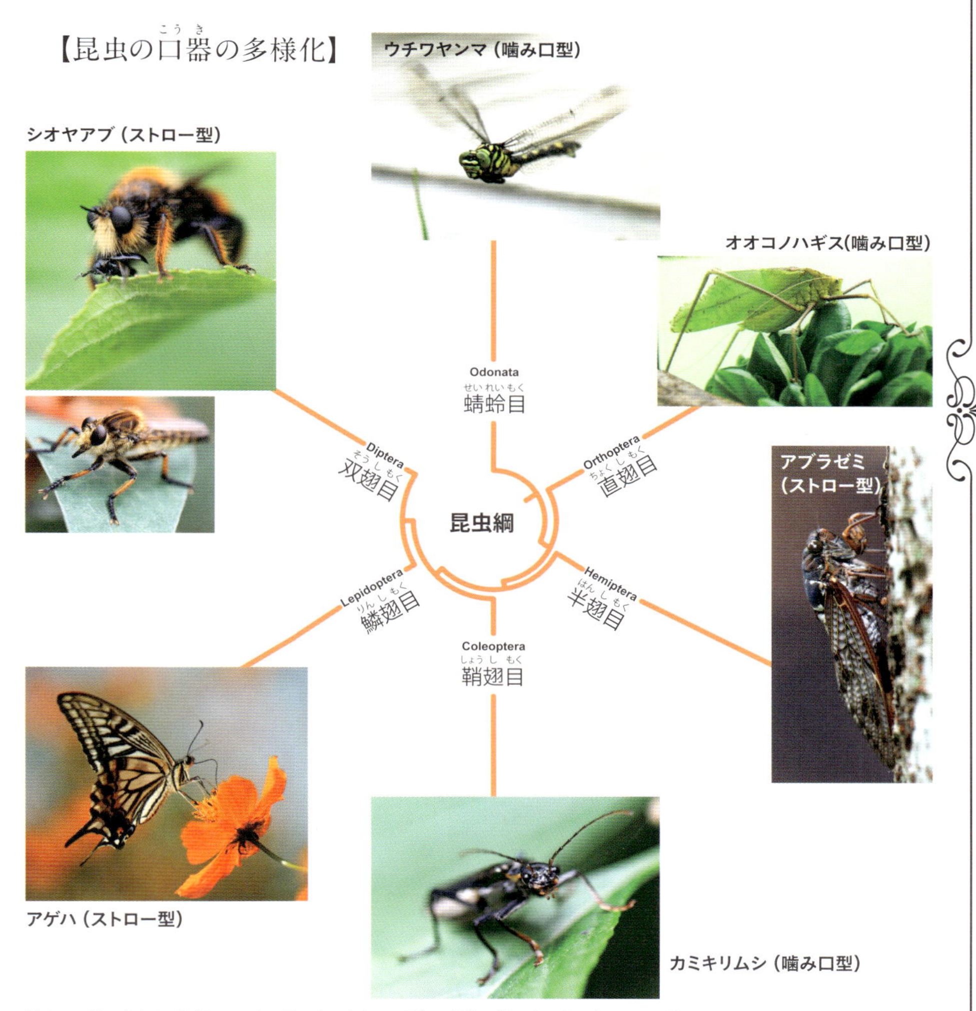

昆虫の口器は大きく2種類あります。顎で噛む「噛み口型」と樹液や花の蜜を吸う「ストロー型」です。双翅目のシオヤアブの上の写真（左上）は、ルリテントウダマシを食べているように見えますが、実際には体液を吸っています。また半翅目のアブラゼミも、ストロー状の口吻を樹の幹に刺して樹液を吸っています。現生の昆虫の中で、最初にほかから分かれた蜻蛉目（トンボ）や直翅目（バッタ）が噛み口であることから、昆虫の共通祖先は噛み口だったと考えられていましたが、昆虫に近いトビムシなどの内顎類（ないがくるい）がストロー型に近いことから、昆虫の祖先もストロー型だった可能性があることが最近浮上しています。

Q 森はいつできた？

地球最初の森はシダ植物が生い茂った大森林だったと考えられています。樹木のようになる木生シダが生い茂る森林（ニュージーランド）。

A　4億年ほど前のデボン紀です。

シダのような維管束植物が、やがて森をつくりました。

コケにはなかった維管束は、水やミネラルのほか、
光合成でつくられた物質を植物の隅々に運ぶ役割を果たす組織です。
土の中から水やミネラルを運ぶ根とともに植物の大型化に貢献しました。
こうしてデボン紀になると、シダや前裸子植物が高い樹木になり、森が出現したのです。

Q1 世界最古の木はなに？

A アーケオプテリスです。

アーケオプテリスは、シダと裸子植物の両方の性質をもつ植物で前裸子植物の仲間です。
デボン紀に生えていた高さ18mにもなる巨木でしたが、胞子で増えていました。

世界最古の木と称されるアーケオプテリスの化石。アイルランドのデボン紀の地層で発見されました。長さは25cmです。

Q2 陸上に植物が増えて温暖化ガスの二酸化炭素は減ったの？

A 減りました。寒冷化したという説もあります。

デボン紀は3億5900万年前の大絶滅で幕を閉じました。この大量絶滅は寒冷化によるものだとされていますが、その原因がデボン紀の間に陸地で広がった史上最初の森林のせいだという説があります。この時代、植物を食べたり分解したりする動物や菌類が十分に進化していなかったために、大気中の酸素が増えて、温室効果ガスの二酸化炭素が減っていったと考えられています。

Q3 菌類にはどのような役割があるの？

A 植物を分解します。

枯れた木や倒木に生えるキノコが分解者の代表で、石炭紀が終わりを迎える頃にリグニンを分解できる菌類が出現したと考えられています。キノコは菌糸という糸状の構造をつくりますが、菌糸の直径は0.01mmにも満たないとても細いものです。菌類は菌糸から出す酵素で植物を分解して栄養にしています。

分解途中のブナの落ち葉1gに、総延長が数千mにもおよぶ菌糸が張り巡らされることがあります。

キノコは担子菌が束になったものです。落ち葉に生えた担子菌の菌糸（左）を拡大（上）してみると、細い菌糸がびっしりと張り巡らされている様子が分かります。

ハナゴケ属の一種（地衣類）

地衣類は、植物の先に陸上へ進出して“地ならし”をした菌類の仲間です。トランペット型の地衣類、ハナゴケ属の一種の断面（着色走査電子顕微鏡写真）を見ると、薄茶色の菌類と緑色の藻類が層状に重なって共生している様子を見ることができます。

“最強生物”クマムシ（緩歩動物）とコケ

乾眠状態ならば電子レンジにかけられても生きていることから“最強生物”と称されるクマムシ（着色走査電子顕微鏡写真）。体長1mm 以下で、地球上のあらゆる場所に住んでいますが、多くは身近なコケの隙間に住んでいます。

シダの胞子嚢

シダの葉をめくると、葉の裏に規則正しく点々と付いている胞子嚢が見えることがあります。胞子嚢は胞子を遠くへ飛ばしますが、上の蛍光顕微鏡写真で黄色く光っている環帯が、環境の変化に合わせてパチンコのような役割を果たし、中の黒い胞子を放り出します。

Q
ヒトの祖先も海からきたの？

脊椎動物（せきついどうぶつ）の陸上への進出を語る上で、とても重要な化石が見つかった、カナダ北極圏のエルズミーア島。同島のデボン紀の地層から発見されました（カナダ）。

A
魚の仲間が陸上に
上がったのが起源です。

陸上に上がった魚の子孫が、ヒトも含めた四足動物(しそくどうぶつ)です。

魚の中のシーラカンスやハイギョの仲間から、陸上に進出する動物が現れました。
カエル、トカゲをはじめ、ヘビもワニもカメも鳥も私たちヒトも四足動物の仲間です。
もちろん、そこには恐竜も含まれます。
四足動物はその後の進化を経て陸上に広がり、クジラのように海に戻るもの、
鳥やコウモリのように空に進出するものも出現しました。

Q1 最初に陸上に上がった動物は？

A 3億7500万年前のティクターリクです。

カナダ北極圏のエルズミーア島で発見されたティクターリクの化石は、魚の中でもシーラカンスやハイギョなどの肉鰭類（にくきるい）の仲間から進化しました。魚類と同じように鱗（うろこ）と鰭（ひれ）をもっていましたが、鰭にはヒトの上腕、前腕、手首に相当する骨がありました。

ティクターリクは鰭で体重を支えて、腕立て伏せのような姿勢で歩くことができたと考えられています。
普段は浅い河川域に生息し、ときには陸上を歩きました。このような動物から両生類が生まれたのです。

シルル紀に続くデボン紀後期の板皮類（ばんぴるい）の仲間、ダンクルオステウスの化石。頭部や首は硬い装甲板で覆われ、強力な顎（あご）をもっていました。プレート状に発達した顎の骨が歯の代わりをはたしていたと考えられています。顎を獲得した魚類は、ウミサソリに代わって海における捕食者としての地位を確立したと考えられています（国立科学博物館）。

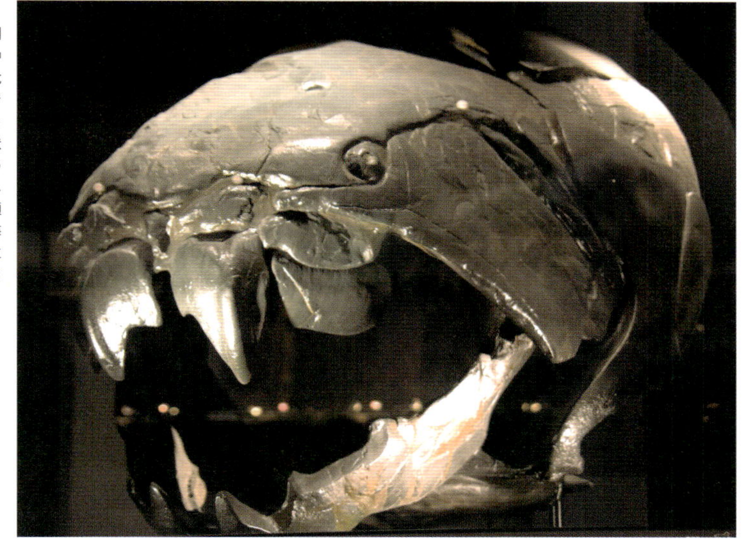

Q2 動物が陸上に進出したのはなぜ？

A すでに陸上に進出していた地衣類、植物、昆虫などを食べるためです。

4億1600万年前から始まるデボン紀の海では、強力な顎で獲物を噛み砕くことができる板皮類の仲間、ダンクルオステウスが現われて海の捕食者として君臨し、海の中の生存競争が激しくなったことも理由の1つと考えられています。

★COLUMN★

【呼吸の問題】肺はいつできたか？

ティクターリクやイクチオステガなど、海から陸上に進出した生き物は、陸上に進出してから肺をつくったのではなく、海にいるときにすでに肺を完成させていました。水中ではなく、空気中で呼吸ができるようになったので陸上に進出したのです。またこの頃、大気中にはオゾン層ができ、紫外線が減っていたことも生き物の陸上進出を後押ししたと考えられています。

イクチオステガが描かれたポーランドの切手。

Q 両生類と爬虫類の違いはなに？

南アフリカに生息するトカゲ（爬虫類）の一種、アトラアガマ。岩場に住み、オスの頭部はきれいな青色をしています。（南アフリカ）

A　エラと羊膜（ようまく）のあるなしです。

羊膜とは胚を包む膜のことです。両生類は幼生期にエラがあり羊膜はなく、爬虫類は一生エラがなく羊膜があります。

卵を乾燥から守ることが、陸上で暮らす条件でした。

陸上だけで生きることのできる爬虫類は、
胎児を包むための「羊膜」を進化させました。
羊膜に満たされた羊水の中で、
胚は乾燥から守られて育つようになったのです。

Q1 陸上に暮らす脊椎動物（せきついどうぶつ）にはすべて羊膜があるの？

A カエルなどの両生類にはありません。

卵の胚や胎児を陸上の乾燥から守るための羊膜を持つ脊椎動物の仲間が羊膜類です。
爬虫類、鳥類、哺乳類が含まれます。

爬虫類 ホウシャガメ

両生類 ピュロスマダガスカルアオガエル

鳥類（爬虫類） インドガン

哺乳類 ベルベットモンキー

四足動物の仲間たちの中で、爬虫類、鳥類、哺乳類がもっている羊膜を、カエルなどの両生類はもっていません。

ヘビにはどうして足がないの？

A　四肢を退化させたと考えられています。

ヘビの祖先は4本の足を失うだけでなく、からだを細長くして、それをくねらせることによって、地上、樹上、水中などさまざまな環境で自由に移動できる独特の方法を獲得しました。現在、3,600種以上が生息しています。

日本固有のヘビの一種、シマヘビ。毒はありません。ヘビの進化は、四肢の退化とからだの伸長が同時に起こったと考えられています。ヘビは200～400個もの脊椎骨をもつことによってからだを長くしています。

★COLUMN★

ヘビのように四肢を失ったイモリ

硬骨魚類から進化して陸上に進出した四足動物の中には、いったん獲得した四肢をヘビのように失うかたちで進化したものが多くいます。たとえば両生類の中で四肢を失ったものの代表例がアシナシイモリです。足がないのでミミズのような外見ですが、背骨をもつれっきとした脊椎動物です。足が退化する現象は、四足動物のさまざまな系統で独立に起こりました。

アシナシイモリ

ミズアシナシイモリ

リアルに再現した単弓類のディメトロドンの模型が展示された公園。ディメトロドンは背中の大きな帆と80本の大きな歯をもっていた捕食動物でした（スペイン）。

Q 恐竜が登場した頃、ヒトの祖先はどのような姿だった？

A　爬虫類のような姿でした。

「単弓類（たんきゅうるい）」と呼ばれる生き物で、
「祖先型の単弓類」という意味で
「哺乳類型爬虫類」という名称も使われます。

大気中の酸素が増え、哺乳類の祖先が繁栄しました。

陸上で植物が繁栄したことにより、大気中の酸素濃度は高まり、
一方で温室効果のある二酸化炭素は減りました。
こうした大気の組成の変化が、私たちの進化に大きく影響したのです。

Q1 哺乳類の祖先の特徴はなに？

A 効率の良くない呼吸器官です。

私たちの祖先が陸上に進出したデボン紀（4億年前）からペルム紀末（約2.7億年前）まで、大気中の酸素は増え続けました。そのため、あまり効率の良くない呼吸器官しかもっていなかった哺乳類の祖先でも繁栄することができました。その後、ペルム紀末に火山活動が活発になり、火山ガスに含まれる塵（ちり）が太陽光を遮ったこと、またリグニン分解能をもった菌類の出現による酸素濃度の低下が、大量絶滅を引き起こしたと考えられています。これは哺乳類の祖先にとっては厳しい環境でした。

【過去6億年の大気中の酸素濃度の変遷】

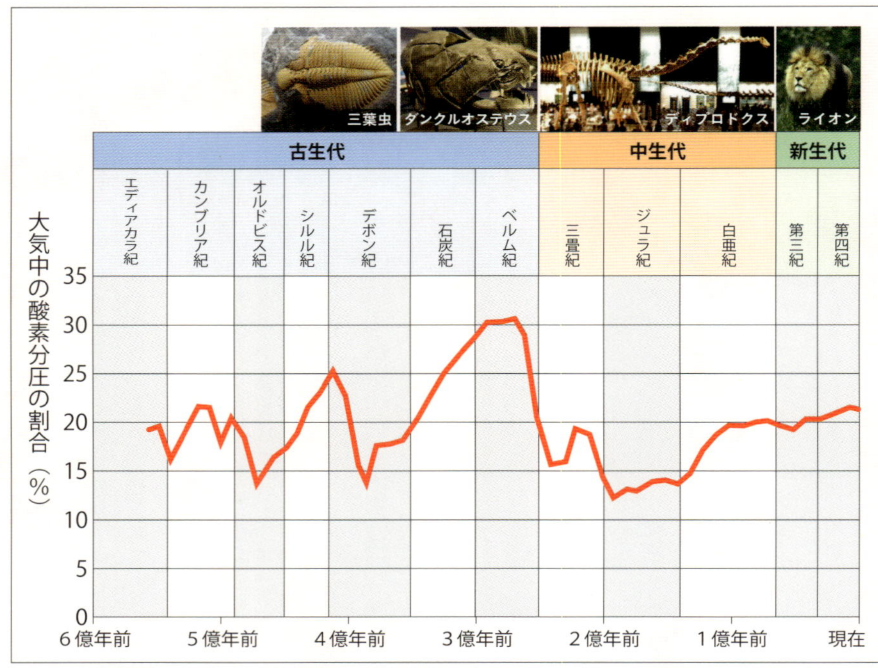

古生代デボン紀中期から大気中の酸素が増え始め、ペルム紀後期に減り始めます。恐竜の時代である中生代の酸素濃度は低く、哺乳類の時代である新生代に向けてふたたび増え始めていることが分かります。なお、酸素分圧とは大気圧のうちで酸素が占める圧力のことです。

2Q 恐竜の時代、大陸は1つだった？

A パンゲア大陸です。

大陸移動説の証拠の1つとされたリストロサウルスは、ペルム紀の大量絶滅を生き延びた私たち哺乳類と同じ単弓類（たんきゅうるい）の仲間でした。リストロサウルスの化石は世界中から見つかり、彼らが絶滅して恐竜の時代が始まる頃、陸地が1つの超大陸だったことを示す証拠となったのです。これがパンゲア大陸です。

中国・新疆ウイグル自治区で発見されたリストロサウルスの標本。リストロサウルスは植物食の単弓類で、体長は1mほどでした。

3Q 大量絶滅で生き物はいなくなってしまったの？

A 生き残ったもので進化は続きます。

ペルム紀末の大量絶滅は史上最大のものでした。地球上の全生物種の70%、海中に限ると96%が絶滅したと考えられています。カンブリア紀以来3億年にわたる古生代のほぼ全期間を生き延びた三葉虫もここでついに姿を消しました。陸上でも爬虫類や両生類の2/3以上が絶滅。昆虫も大きな影響を受けました。

ハワイ・オアフ島のアオウミガメ。カメもまた恐竜と同じ時代を生きた爬虫類の仲間で、大量絶滅を乗り越えて現在まで命を繋いでいます。

Q

恐竜全盛の時代、哺乳類(ほにゅうるい)の祖先はどうやって生きていたの？

ミズトガリネズミ（イギリス）。トガリネズミは「ネズミ」という名前ですが、齧歯目（げっしもく）ではなくモグラやハリネズミに近く、夜行性で、ミミズや昆虫などを食べています。ちなみに、仲間のチビトガリネズミは「哺乳類最小」で、体重は1円玉で1枚～2枚ほど。日本では北海道や本州・四国に生息しています。

A

小さくて夜行性の
トガリネズミのように
暮らしていました。

大気中の酸素が低下して、恐竜の時代になりました。

大気中の酸素が高まった古生代に繁栄したのは、
私たち哺乳類の祖先である単弓類(たんきゅうるい)でした。
ところが中生代になり、単弓類は低酸素環境に耐えられずにどんどん姿を消し、
代わって繁栄しはじめたのが恐竜でした。

Q1 低酸素でもなぜ恐竜は繁栄したの？

A 効率のいい呼吸器官「気嚢(きのう)」をもっていたからです。

肺の前後に気嚢という器官があることで、肺しかない私たち哺乳類に比べて、
酸素をたくさん含んだ新鮮な空気を常に肺にとどめることができるのです。

【気嚢を使った鳥類の呼吸システム】

恐竜の子孫とされる鳥類にも気嚢があります。酸素を含んだ新鮮な空気はまず後気嚢に入り、肺に送り込まれます（吸気）。二酸化炭素を含んだ古い空気は同時に前気嚢へ押し出されます（排気）。こうすることで、新旧の空気が混じり合うことを最小限に抑えているのです。私たちの肺は、肺の中の空気を完全に出し切らない限り、常に新旧の空気が混じり合った状態で効率が悪いのです。

古生物学者のピーター・フォードは、鳥類のもつ効率の良い呼吸システムは大気の酸素濃度が減少した時代に鳥類の祖先が進化させたと考えています。

水辺の小さな岩の上にいたミズトガリネズミ。体温維持に果たした体毛の役割は大きかったと考えられています。

Q2 哺乳類の祖先はどうやって生き延びた？

A 内温性と体毛を獲得したことが大きな要因です。

ジュラ紀、白亜紀と1億3,000万年以上の長きにわたって恐竜の全盛時代が続くあいだ、私たち哺乳類の祖先は、夜行性の小型動物としてトガリネズミのような生活を取らざるを得なくなりました。なんとか生き延びるために、内温性を進化させた結果、寒い夜間でも体温を高く保って活動ができるようになったのです。体毛はその頃に進化したと考えられています。

Q3 日本にも恐竜はいたの？

A いました。

1978年に岩手県東部で発見された恐竜（竜脚類／りゅうきゃくるい）の上腕骨の部分骨が、日本で初めて発見された恐竜「モシリュウ」です。その後、研究が進み、近年も北海道むかわ町で全身骨格としては国内最大8mの「むかわ竜」が発見されました。

フクイラプトルの亜成体。フクイラプトルは福井県で発見された日本で初めて命名された肉食恐竜です。体長は4mほどで、大きな手の爪と長い後肢が特徴です。現在の鳥類に近い獣脚類（じゅうきゃくるい）の仲間です。

Q

恐竜が進化した生き物はもういないの？

A

鳥として、現在1万種以上に進化しています。

ハシビロコウはペリカンやトキの仲間で、体長は1〜1.4mほど。アフリカ大陸の草原地帯に生息し、主に川魚や両生類、爬虫類を食べています。

恐竜の中の獣脚類（じゅうきゃくるい）から、現在の鳥類が進化してきました。

史上最大の恐竜と言われるティラノサウルスも獣脚類の仲間です。
近年のティラノサウルスの復元画には、前肢（ぜんし）に羽根が生えたものや、
全身が羽毛に覆われた姿も発表されるようになりました。

Q1 鳥の羽根はどうして進化したの？

A オスのメスへのアピールのためです。

かつて鳥の羽根は、鳥が空を飛ぶために進化したと考えられていたのですが、空を飛ぶことができなかった非鳥恐竜のアンキオルニスも派手な装飾の羽根を持っていたことが明らかになり、羽根が配偶者にアピールするために進化した可能性が浮上してきました。

インドクジャクのオス。平板上の羽根の上に模様が描かれています。平らな羽根は、光の回折で、キラキラしたり、角度が変わると突然色が変わったりします。ちなみに、このような色は色素によるものではなく、構造色と呼ばれます。

Q2 「始祖鳥（しそちょう）」が鳥の先祖なの？

A 絶滅した始祖鳥との共通祖先をもつ生き物が祖先です。

始祖鳥そのものは1.5億年前に絶滅しましたので、現在の鳥類の直接の祖先ではありません。
始祖鳥との共通祖先（図の中の「A1」）が現在の鳥類の祖先です。

【鳥類を含む恐竜の系統樹】

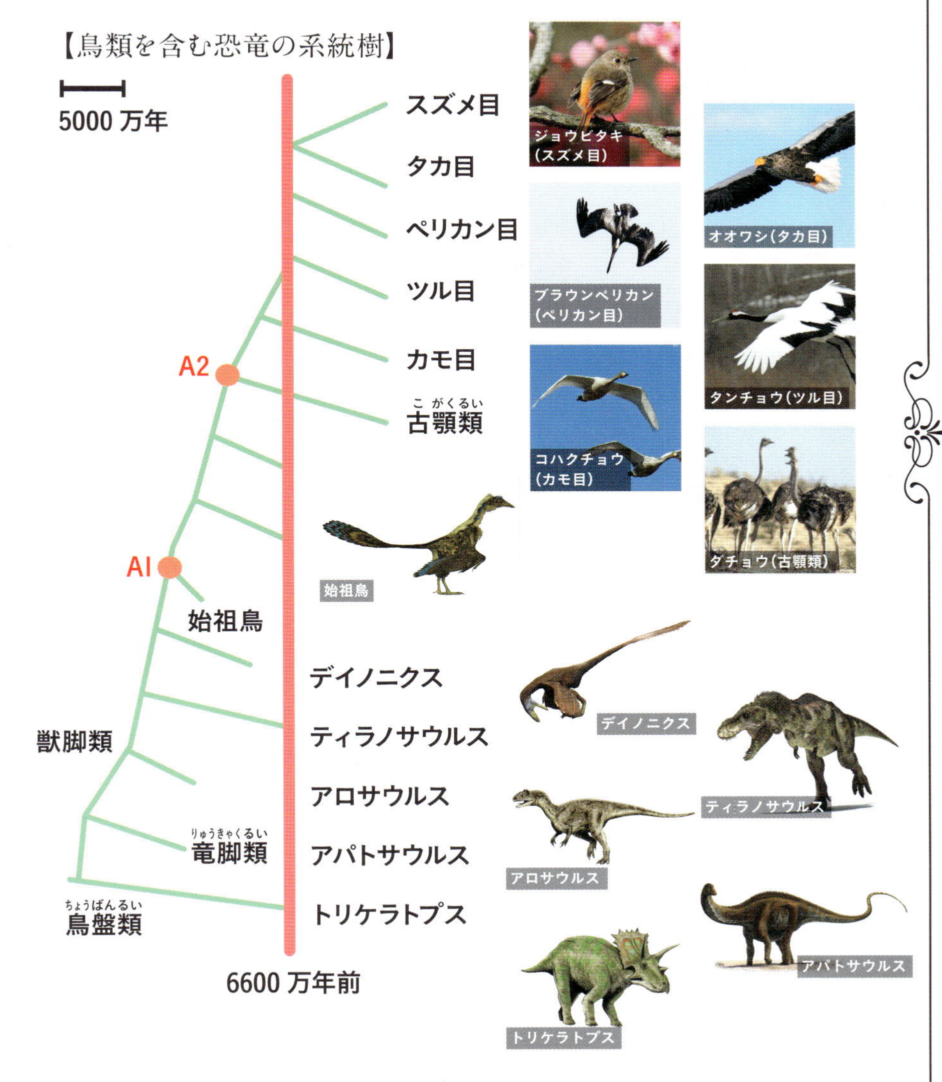

鳥類はティラノサウルスを含む「獣脚類」のなかのデイノニクスに近い祖先から進化しました。A1は鳥類全体の最後の共通祖先で、A2は現生鳥類の最後の共通祖先を示しています。A1からA2に至る途中からたくさんの系統が派生しましたが、それらは6600万年前までに絶滅しました。

Q

哺乳類なのに、クジラが海にいるのはなぜ？

スキューバダイバーとザトウクジラの母と子。ザトウクジラは秋から冬にかけて、日本へは沖縄の慶良間海域や小笠原に回遊して出産や子育てをします（メキシコ）。

A
祖先は陸上にいました。
いちばん近い親戚はカバです。

クジラはヒトと同じ真獣類（しんじゅうるい）で、「北方獣類（ほっぽうじゅうるい）」の仲間です。

カモノハシなどの単孔類（たんこうるい）とコアラやカンガルーなどの有袋類（ゆうたいるい）を、
哺乳類から除いた動物が真獣類（有胎盤類（ゆうたいばんるい））です。
私たちヒトも真獣類の仲間で、
真獣類は「北方獣類」「アフリカ獣類」「異節類（いせつるい）」からなります。

【真獣類の3大グループ】

上の写真は、真獣類の仲間である北方獣類、アフリカ獣類、異節類の系統関係を表しています。この3系統には大陸移動が大きく関係していると考えられています。なお、背景の地図は1億500万年前の大陸の位置を示しています。

Q 私たちヒトの進化と大陸移動は関係があるの？

ヒトは
北方獣類です。

A 大陸の分断により、ヒトを含む真獣類は3つのグループに分かれました。

北半球にあったローラシア大陸で進化した「北方獣類」、アフリカ大陸で進化したゾウなどの「アフリカ獣類」、南アメリカ大陸で進化したナマケモノなどの「異節類」の3つのグループは、大陸分裂の影響を受けて8900万年前から分かれはじめ、また地続きになるまで、それぞれの大陸で進化したと考えられています。

【大陸の移動と進化】

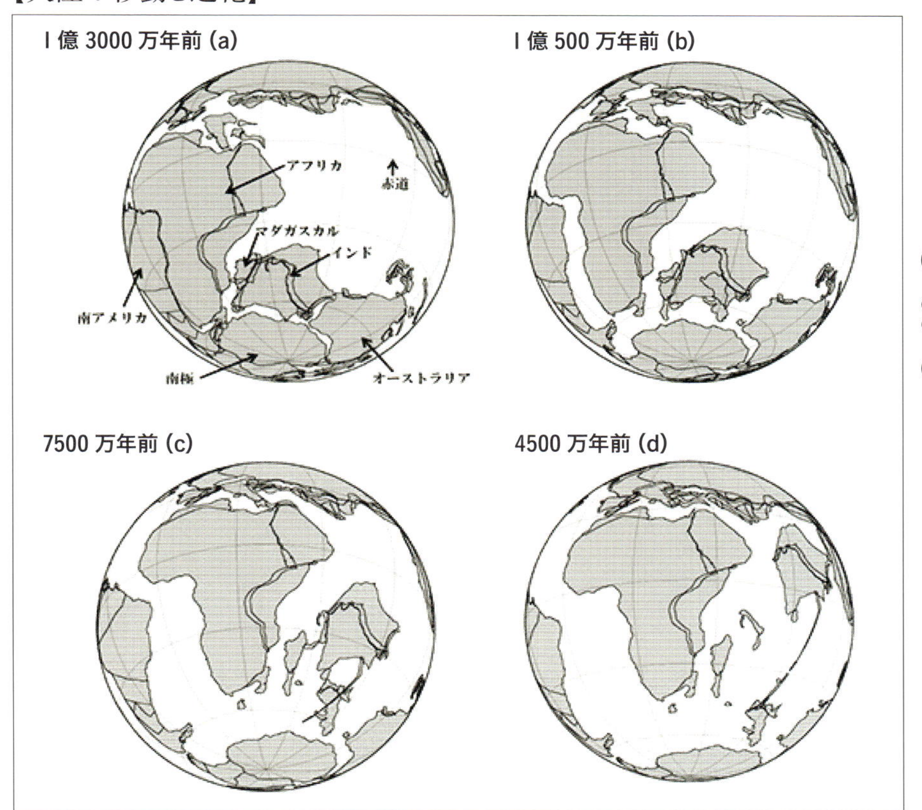

およそ3億年前から2億年前までにあった超大陸「パンゲア」は、ジュラ紀の後期になると、1億5000万年前までには、北半球のローラシア大陸と南半球のゴンドワナ大陸とに分裂。ゴンドワナ大陸は1億3000万年前頃から分裂を始め、まずマダガスカルとインドの塊がアフリカから分かれました（a）。1億500万年前にアフリカと南アメリカとが分裂し（b）、アフリカはその後2000万年前にユーラシアと陸続きになるまでは孤立した大陸だったのです。この時期、その大陸で「アフリカ獣類」は進化しました。
一方、アフリカと分かれたあとの南アメリカも、およそ300万年前に北アメリカと陸続きになるまでは、ほぼ孤立した大陸でした。ただし、図から分かるように南アメリカから南極を経由してオーストラリアに至る経路はあとの時代まで保たれていました（c,d）。この経路は、カンガルーなどの有袋類の進化にとって重要です。南アメリカでの「異節類」の進化は、1億500万年前にこの大陸がアフリカから分かれて300万年前に北アメリカと陸続きなるまでのあいだに起ったのです。

Q

コウモリは鳥じゃないのに、なぜ飛べるの？

湖で魚を捕まえるウオクイコウモリ（パナマ）。体長10～14cm、翼開長40cmほどで、水面を泳ぐ小魚を後ろ足で捕らえます。魚を食べるコウモリは珍しく世界に数種しかいないとされていましたが、近年、ヨーロッパに生息するユビナガホオヒゲコウモリが魚を捕食することが確認されました。

A
手を飛べるように
進化させたからです。

私たちヒトを含む真獣類（しんじゅうるい）は、海と陸と空に広がりました。

真獣類の仲間は地球上の広い範囲に住んでいます。
クジラやマナティは海へ、コウモリは空へ、
私たちヒトを含む多くは陸上で暮らしています。
それぞれの環境に適するように進化してきたのです。

Q1 コウモリはオシッコをするときどうするの？

A 頭を上にしてぶらさがります。

コウモリは、ふだんは、ハンガーのように後ろ足の爪を枝にひっかけて頭を下にしてぶら下がります。ただ、頭を下にしてぶら下がったまま排泄をすると自分の顔にかかってしまうこともあるので、排尿をするときには、翼から出ている親指の爪を枝に引っ掛けて、頭を上にしてぶら下がることが多いのです。

クビワオオコウモリ。沖縄などの南西諸島や台湾に生息しており、翼を広げると1.2mほどになります。

違うのに似ている!?「収斂進化」ってなに？

生き物の姿の特徴は、生きていく上で有利になるように、まわりの環境に適応したものが多くなります。ですから、似た環境で似たような生活をしている生物は、姿形に似た特徴が現れるように進化しやすいのです。このような進化を「収斂進化」と呼びます。

【収斂進化その1】ハリテンレックとインドハリネズミ

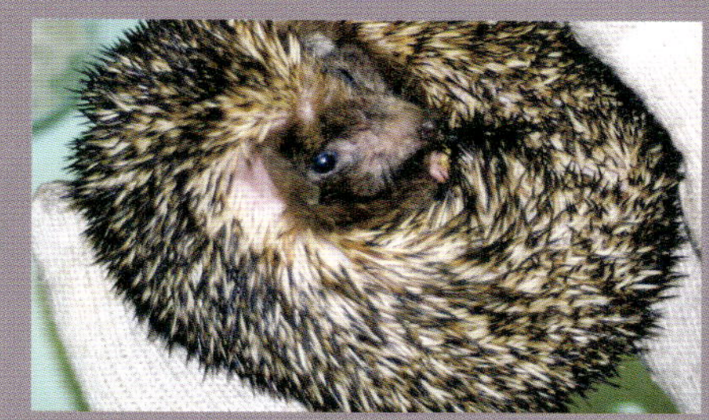

同じ真獣類の中での収斂進化。ハリテンレック（左）とインドハリネズミ（右）はとてもよく似ていて、かつては同じ「食虫目」というグループでした。しかし、遺伝子を比べてみると、ハリテンレックはゾウやマナティのいるアフリカ獣類の仲間で、ハリネズミは私たちヒトと同じ北方獣類の仲間であることが分かりました。

【収斂進化その2】フクロオオカミとオオカミ

有袋類と真獣類のあいだの収斂進化。有袋類のフクロオオカミ（左）と真獣類のオオカミ（右）はとてもよく似ています。しかし、フクロオオカミはカンガルーやコアラの仲間で、オオカミは私たちヒトと同じ真獣類の仲間なので、1億5000万年以上前には遺伝的に分かれてそれぞれ進化してきたのです。

【収斂進化その3】トンボマダラとトンボコバネシロチョウ

どちらも南アメリカのチョウですが、毒を持つトンボマダラ（左：トンボマダラ科）と、トンボマダラに姿を似せたトンボコバネシロチョウ（右：シロチョウ科）は、だいぶ離れた別種です。毒を持つために鳥に食べられないメリットを得るために姿を似せるように進化したと考えられています（「ベイツ型擬態」と呼びます）。

Q

地球上の生き物にとって奇跡的な出来事が起こったことはあるの？

新潟県佐渡市にある乙和池に浮遊する「浮島」。水草などの枯れた植物が積み重なっています。その塊の浮く力と、積み重なった腐食層から出るメタンガスなどによって浮かんでいると考えられています。乙和池の浮島の面積は400m²ほどあります。

A
浮島(うきしま)に乗って
海を渡った動物がいました。

進化のミステリーを解く鍵は生き物を乗せた「浮島」です。

リスザルなど、南アメリカだけに住むサルを「新世界ザル」と呼びます。
その新世界ザルは、ずっと昔から南アメリカに住んでいましたが、
あるときを境にしてそれ以前の化石が見つからなくなります。
ところが、アフリカでは化石が見つかるので、
リスザルの祖先は、アフリカから南アメリカへやって来たと考えられているのです。

Q1 浮島に乗って生き物が移動した証拠はあるの？

A 直接の証拠はないので仮説です。

新世界ザルの化石は、南アメリカとアフリカのあいだが十分離れたあとの時代の地層から、南アメリカで発見されるようになります。歩いても、泳いでも渡ることのできない2つの大陸のあいだの海をどうやって渡ったのでしょうか。極めて可能性は低いのですが、ほかのあらゆる可能性がゼロなので、新世界ザルは浮島に乗って渡ったと考えられているのです。

新世界ザルの仲間であるリスザルは、長い尾があり、その尾を枝に巻きつけてぶらさがることができます。これは新世界ザル（オマキザル上科）の共通の特徴です。

Q2 かつて南アメリカとアフリカはどれくらい離れていたの？

A 3500万年前、大西洋の幅は現在の半分ほどでした。

南アメリカとアフリカ大陸の距離が現在よりも短かったこと、さらにアフリカから南アメリカのほうへ流れる海流があったことが分かっています。つまり、現在よりアフリカから南アメリカへ、動物たちが乗った浮島が流れ着きやすい状況だったのです。

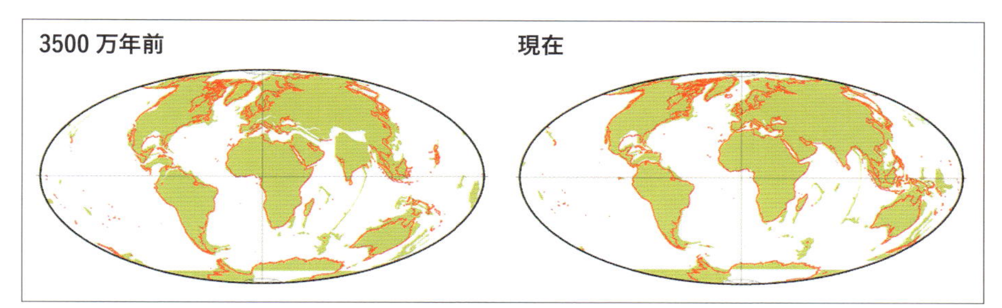

大西洋の幅が時代によって変化してきたことを示す3500万年前（左）と現在の地図（右）です。新世界ザルは、3400万年前にアフリカから南アメリカへ渡って来たと考えられています。グリーンは陸地、赤線は現在の海岸線を示しています。

Q3 浮島に乗っていた動物はサルだけ？

A カピバラの祖先も乗っていました。

齧歯目（げっしもく）のテンジクネズミの仲間の祖先が、新世界ザルと同じ頃に浮島に乗ってアフリカから南アメリカに渡って来たと考えられています。

新世界ザルの祖先と同じタイミングで南アメリカへ渡って来た祖先を持つ哺乳類たちです。これらは、齧歯目テンジクネズミ上科の仲間で、南アメリカに生息しています。

11歳のヒガシチンパンジーのオス。ヒトにいちばん近い親戚であるチンパンジーの仲間は4つの亜種に分類されていますが、いずれもアフリカに住んでいます。4亜種を合わせてチンパンジー、あるいはナミチンパンジーと呼びます（タンザニア）。

Q チンパンジーは いずれヒトに進化するの？

A　しません。

チンパンジーとヒトは、共通祖先から
それぞれの方向に進化してきたからです。

チンパンジーはヒトにもっとも近い親戚です。

かつては、姿形や「ナックル歩行」という
手の3本の指の外側を地面につけて歩く独特な歩き方の共通点から
チンパンジーはヒトよりもゴリラに近いと考えられていました。
しかし、遺伝子を調べる研究から、ヒトとチンパンジーは、
ゴリラよりも近い親戚であることが分かったのです。

Q1 ヒトとチンパンジーの共通祖先はどんな生き物?

A よく分かっていません。

【ヒトと類人猿の新旧系統樹】

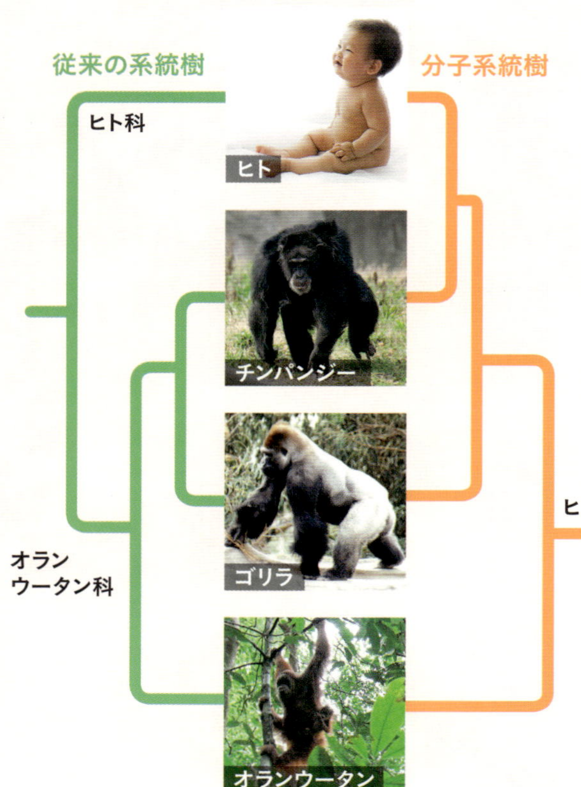

共通祖先はチンパンジーに似ていたのではないかと思うかもしれませんが、そう単純ではありません。その共通祖先から分かれ、その後の700万年のあいだにヒトが進化したように、チンパンジーも同じ700万年をかけて進化しているからです。また、共通祖先らしき化石が見つかったとしても、それが本当に共通祖先の化石なのか決めることは難しいでしょう。

分子系統樹は、生き物の遺伝子などを調べて、進化の新しい道筋を示したものです。

ヒトと類人猿の関係について、従来の系統樹（左側）とそれを書き改めた新しい分子系統樹（右側）を比較したものです。チンパンジーとゴリラの写真は、ナックル歩行をしている様子です。

Q2 ニホンザルと日本人は関係あるの？

A 2500万年前に共通祖先がいました。

ニホンザルは、チンパンジーやゴリラと比べると、ヒトから遠い親戚です。ヒトを含むヒト上科と、ニホンザルを含むオナガザル上科をあわせて「狭鼻猿類（きょうびえんるい）」と呼びますが、両者の共通祖先が生きていたのは、いまからおよそ2500万年前のことでした。

ニホンザルは尾が短いのですが、オナガザル上科のサルです。これはもともと長かった尾が、寒冷地に適応するうちに短くなったと考えられています。

★COLUMN★

【目と舌の進化】熟した実を見分け、毒を避ける

ニホンザルとヒトを含む狭鼻猿類は、三原色（赤・緑・青）を見分け、苦味に対して敏感です。ほかのサルは二色性色覚なので、実が熟したか未熟かどうかは色では判断できません。私たちがいまこうして彩り豊かで、毒に当たらず暮らせるのは狭鼻猿類の進化のお陰なのです。

アカホエザル（広鼻猿類・クモザル科）

キイロヒヒ（狭鼻猿類・オナガザル上科）

オスのチンパンジーが2匹、連れ立って木の上をナックル歩行で歩いている様子。

Q ヒトの二足歩行の起源は？

A　木の上を二本足で
歩きだしたことです。

直立二足歩行は、森の木の上で進化しました。

いま生きているチンパンジーなどでも木の上を二足歩行する姿がたまに見られます。
人類の祖先が直立二足歩行をするようになったきっかけは、
こうした行動にある可能性が考えられています。

Q1 最初期に二足歩行した人類は？

A アルディピクス・ラミダスです。

440万年前に出現したアルディピクス・ラミダス（ラミダス猿人）は、身長1.2mほど。化石の骨の特徴から二足歩行ができたとされていますが、樹上生活していたことが分かっています。

アルディピクス・ラミダス（ラミダス猿人）の復元画です。樹上で暮らし、直立二足歩行もしていたと考えられています。このような復元画は、発掘された化石の骨に基づき、研究者が細部まで可能性を考え、そのアイデアをもとにイラストレーターが描きます。

Q2 「類人猿」と「人類」の違いはなに？

A 犬歯の大きさと直立二足歩行です。

類人猿は、ヒト科のサルであるチンパンジーとボノボとゴリラとオランウータン（大型類人猿）、テナガザル科（小型類人猿）からなり、尾を持たないという特徴があります。人類は、それらの類人猿に比べて犬歯が小さくて短く、直立二足歩行をするのが特徴です。

【ヒト上科の系統樹】

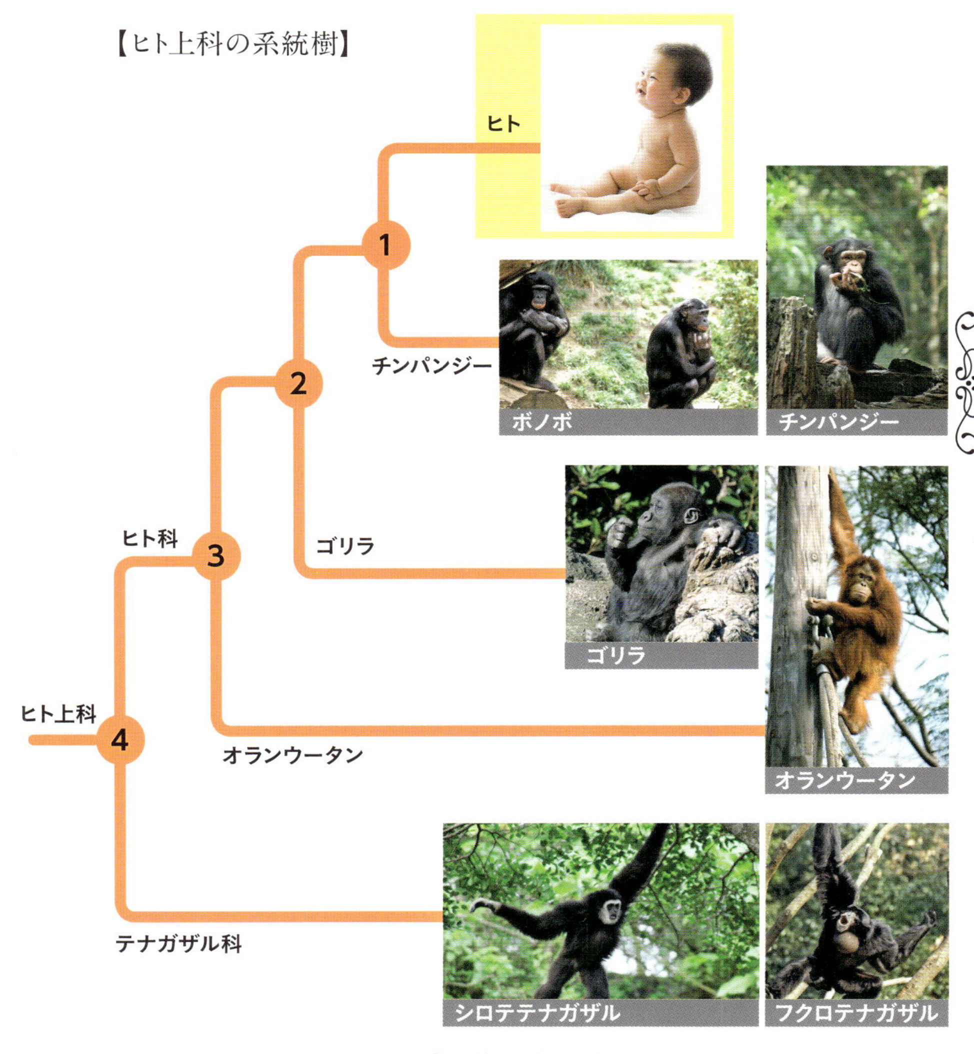

この系統樹の中でヒト以外のサルたちを「類人猿」と呼びます。尾がないこと、樹上でぶらさがる運動に適した身体であることなどが、ほかのサルにはない特徴です。

Q

人類発祥の地はどこですか？

「猿人」と呼ばれるアウストラロピテクス属が最初に発見されたほか、多数の重要な人類化石が発見された南アフリカの内陸部。スタークフォンテイン洞窟を含む地域は1999年に世界遺産に登録され、「人類のゆりかご」と称されています。

A

東アフリカや南アフリカと
考えられています。

二足歩行を始めた人類は、やがて新人へと進化しました。

直立二足歩行を始め、犬歯が小さく短くなった人類。
森の中でアルディピテクス属（猿人）が登場した後、
アウストラロピテクス属（猿人）、ホモ属（原人）、ネアンデルタール人などの旧人、
そして私たち新人へ進化していきました。

Q1 猿人はどのような姿だったの？

A 脳は小さく、直立二足歩行していました。

脳の容量は現生人類の30%、体長は110cmほどでした。420万年前にアフリカで出現したと考えられ、2015年に南アフリカで発見されたアウストラロピテクス・アファレンシス（別名：アファール猿人）の女性の化石「リトルフット」などで新たな知見が得られ始めています。124ページに登場したアルディピテクス・ラミダス（別名：ラミダス猿人）で猿人の仲間です。

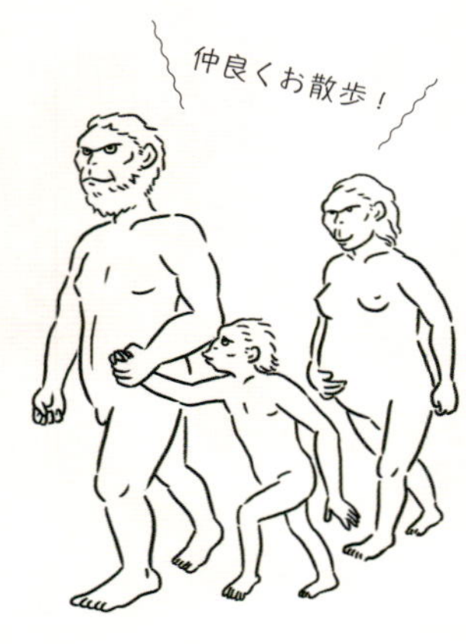

1978年にタンザニアのラトリエ遺跡で発見された、アウストラロピテクス・アファレンシスの70個の足跡の化石。27mにわたり2人が並んで歩いていた様子が分かります。火山灰の年代から足跡は340万年～380万年前のものと見積もられ、初期人類は脳の拡大よりも前に直立二足歩行が完成していた証拠となりました。

Q2 猿人はどこで暮らしていたの？

A 南アフリカと東アフリカです。

猿人では、アルディピテクス属の少し後にアウストラロピテクス属が現れました。リトルフットが発見された南アフリカだけでなく、エチオピア（東アフリカ）でもアファール猿人の成人女性の化石「ルーシー」が発見されています。ちなみに、猿人は130万年前に絶滅したと考えられています。

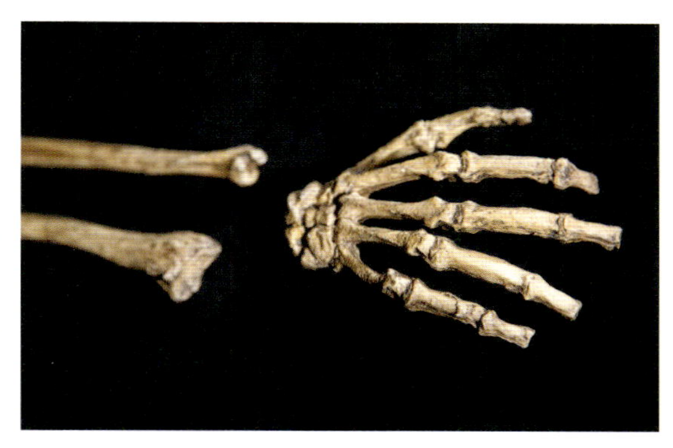

アウストラロピテクス・セディバの手は、現代人と比べるとひと回り小さいのですが、しっかりした長い親指をもっています。チンパンジーなどのサルのように4本の長い指と短い親指からなる手とはハッキリと異なることが分かります。

★COLUMN★

もう1つの人類発祥の地 — 東アフリカ大地溝帯

大陸移動を引き起こすプレートテクトニクス運動によって、大地が裂けているのが東アフリカの大地溝帯です。この地域では人類進化の謎を解くカギとなる重要な人類化石の発見が続いていることから、南アフリカと並んで「人類発祥の地」と考えられています。

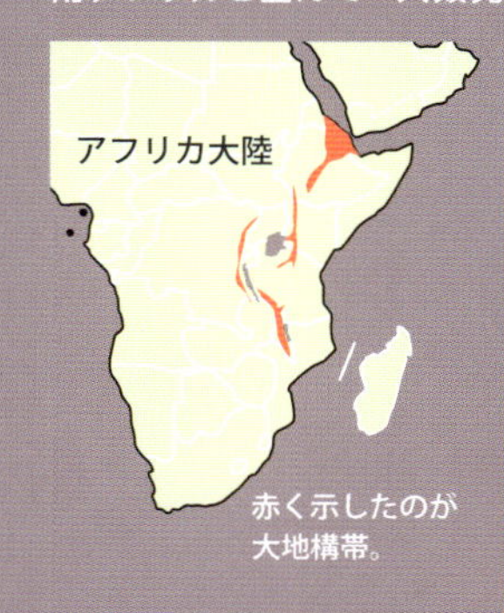

赤く示したのが大地構帯。

東アフリカの大地溝帯は世界最大の地溝群とされ、幅は最大60km、総延長は6400kmに及び、湖と火山がそれぞれ数十あり、現在も拡大中です。

Q

人類が作った最古の道具はどんなもの？

タンザニアのオルデヴァイ渓谷で発見された“人類最古の道具”と称される「オルドワン型石器」です。

A
オルドワン石器が、
最古の道具として
知られています。

石器を日常的に使った最初の人類が「原人」です。

エチオピアのゴナから出土したオルドワン石器は、
原人（ホモ属）が出現する少し前の時期に作られました。
異なる石をぶつけて尖った切片を作り出したと考えられています。

Q1 原人はいつごろ生きていたの？

A 250～160万年ほど前です。

原人の学名には「ホモ」という名前がつけられています。石器を日常的に使った最初の人類はホモ・ハビリスです。ハビリス は「原人」だとされていますが、「猿人」に限りなく近いという新説もあり、原人の出現時期の議論は続いています。ハビリスが出現したのは250万年前です。

ホモ・ハビリスが石器を作っている様子（想像図）。ハビリス原人は日常的に石器を使い、捕食動物の残り物の肉を食べていたと考えられています。

原人はどのような姿だったの？

A 猿人から現代人のようなものまで多種多様でした。

原人の仲間では、ホモ・ハビリス、ホモ・エレクトスが代表的です。ジャワ原人と北京原人はエレクトスの仲間で、超小型人類のホモ・フローレンシスは猿人のような体でしたが、石器を使う原人です。脳の大きさは猿人より少し大きく、現代人の半分ほどのものから、ほぼ現代人と同じくらいのものまでいました。

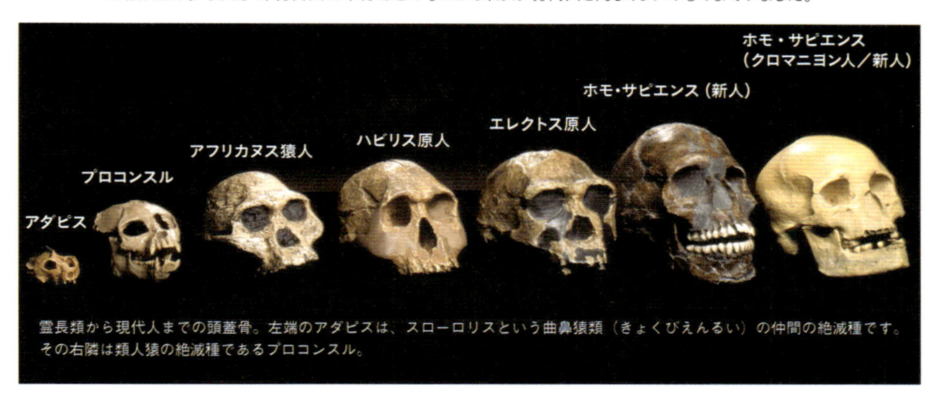

霊長類から現代人までの頭蓋骨。左端のアダピスは、スローロリスという曲鼻猿類（きょくびえんるい）の仲間の絶滅種です。その右隣は類人猿の絶滅種であるプロコンスル。

そもそも霊長類ってなに？

A 木の上で暮らすのが得意な哺乳類の仲間です。

いわゆる「サル」のことで、現在約400種が地球上にいます。
ヒトも霊長類の一種ですが、珍しく樹上生活をやめるように進化しました。

★COLUMN★

運命の分かれ目 — ボイセイ猿人とハビリス原人

頑丈型猿人とも呼ばれるパラントロプス・ボイセイは、230万年前以降、60万年間ほど東アフリカでハビリス原人と同時代に生きていました。体格はハビリス原人のほうが華奢で、日常的に石器を使い始めたために顎（あご）や歯も徐々に小さくなりましたが、頑丈な体で石器も使ったとされるボイセイは絶滅して、ハビリス原人の子孫であるホモ属（原人）が生き残りました。

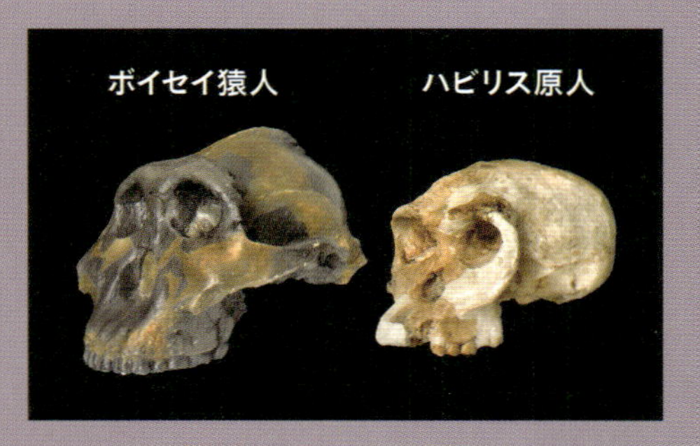

Q 狩猟をはじめた人類は？

180万年前の人類の頭蓋骨とされる化石が出土したジョージアのドマニシ遺跡。その化石はホモ・ハビリスとホモ・エレクトスの中間的な特徴を持ち、両者の共通祖先ではないか注目を集めています。

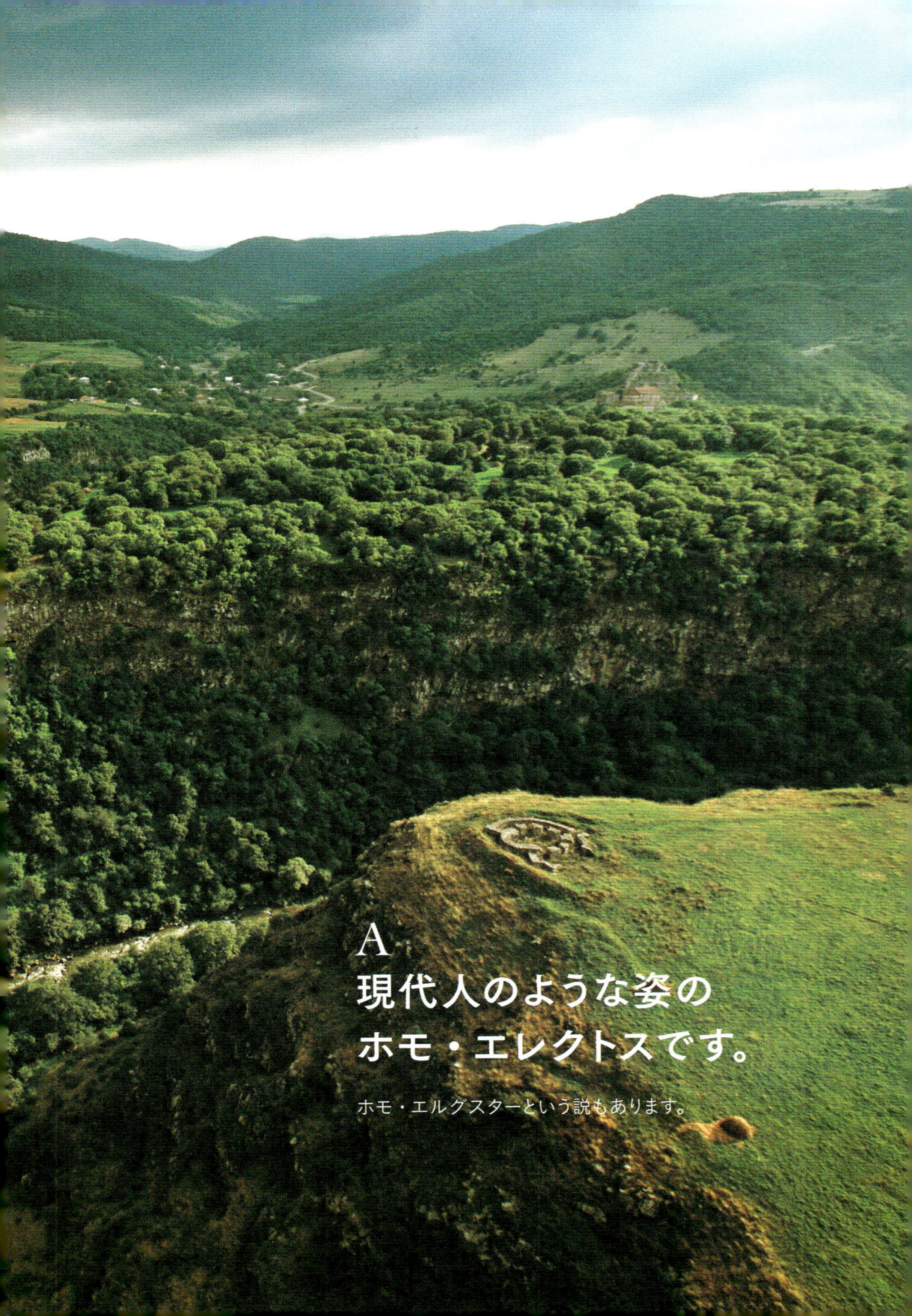

A

現代人のような姿の
ホモ・エレクトスです。

ホモ・エルグスターという説もあります。

ホモ・エレクトスには、現代人らしさがありました。

狩猟をしていたホモ・エレクトスは、
仕事をする場所と日常の暮らしをする場所を分け、
湖岸に住み魚を調理して食べていたと考えられています。

Q1 ホモ・エレクトスについてもっと教えて。

A はじめて火を使った人類です。

南アフリカの洞窟で、100万年前に生きていたホモ・エレクトスが火を使っていた痕跡が見つかっています。また、イスラエルの79万年前の遺跡でも、ホモ・エレクトスが火を使用していた跡が見つかっています。

ホモ・エレクトスが火を使って槍を作っている様子（想像図）。
奥のほうでは、狩猟によるシカのような獲物を石器を使ってさばいています。

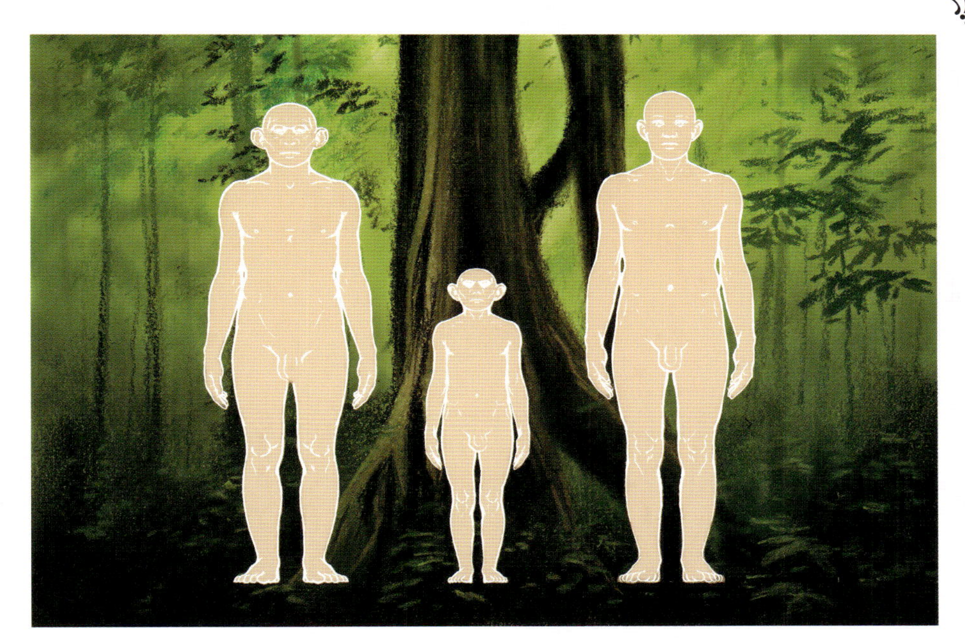

狩猟をして、調理をしていた可能性もあるホモ・エレクトス（左）は、長い距離を歩ける体になり、さらに地上で寝るようになっていました。ホモ・エレクトスが矮小化した超小型原人として知られるホモ・フロレシエンシス（中央）は、身長1mほどでした。右は私たちホモ・サピエンスです。

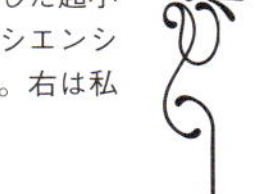

Q2 北京原人は私たちの祖先なの？

A 直接の祖先ではありません。

北京原人は、ホモ・エレクトスの亜種で、78万年前に北京近郊の周口店（しゅうこうてん）周辺に住んでいたと考えられています。ホモ・エレクトスは、200万年～180万年ほど前にアフリカを出てヨーロッパやアジアへ分布を広げたのです。

★COLUMN★

消化のよい食べ物が脳を大きくさせた？

人類学者のリチャード・ランガム博士は、その著書『火の賜物　ヒトは料理で進化した』で、ホモ・エレクトスの特徴は、火を使用した柔らかくて消化のいい料理によって、短時間でより多くのエネルギーを得られるようになり、胃腸の負担が減った分、脳に多くのエネルギーをまわすことができるようになったことだと記しています。そのような見解から、火の使用は180万年前まで遡るだろうと推測しています。

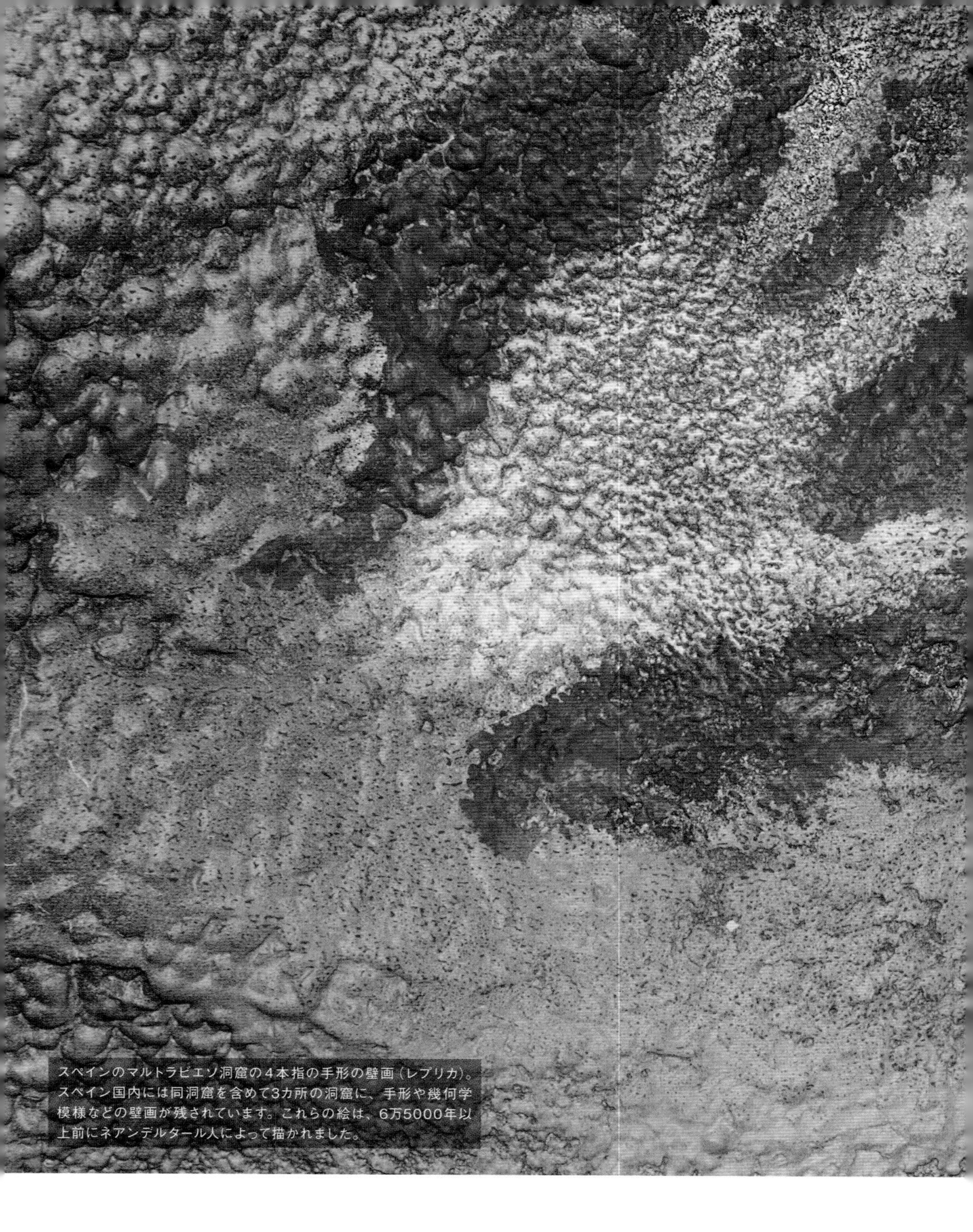

スペインのマルトラビエソ洞窟の4本指の手形の壁画（レプリカ）。スペイン国内には同洞窟を含めて3カ所の洞窟に、手形や幾何学模様などの壁画が残されています。これらの絵は、6万5000年以上前にネアンデルタール人によって描かれました。

Q はじめて絵を描いた人類は？

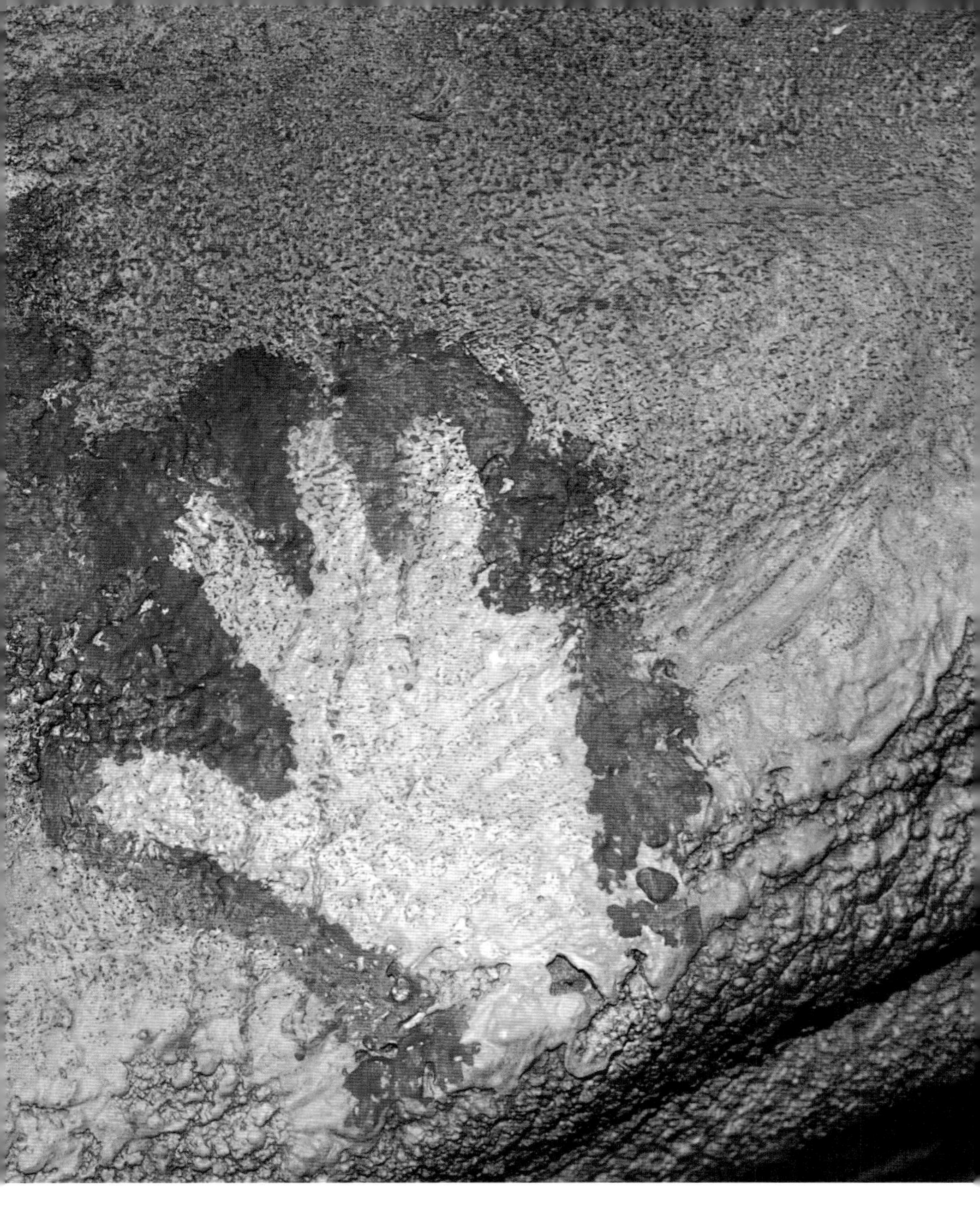

A　ネアンデルタール人
　　という説が有力です。

ネアンデルタール人は、40万年前に出現しました。

アフリカで誕生したホモ・サピエンスよりも早く、
ヨーロッパにいたホモ・ハイデルベルゲンシスから進化したネアンデルタール人。
近年、その知性は高かったことが明らかになりつつあります。

1Q ネアンデルタール人はどんな暮らしをしていたの？

A ヨーロッパで狩猟をしていました。

陸上ではウサギのような小動物からアザラシなどの大型動物まで獲り、
海に出かけて魚を釣り、貝類を拾い、森では松の実を集めていました。
捕まえた鳥の羽を取り、その美しい羽で着飾ることもありました。

ドイツ東部を流れるデュッセル川沿にある谷、ネアンデルタール（「タール」はドイツ語で「谷」）。この地でネアンデルタール人の化石が発見されました。丘の上に「ネアンデルタール博物館」があります。

Q2 ネアンデルタール人は現生人類とは違うのですか？

A 異なる種ですが、同時代に生きていました。

ホモ・サピエンスがヨーロッパに進出した4万5000年以降に5000年間以上、一部の地域でネアンデルタール人と共存していた可能性があります。また、アフリカ系以外の現代人の中にネアンデルタール人の遺伝子が1〜5%残っていることが分かっています。

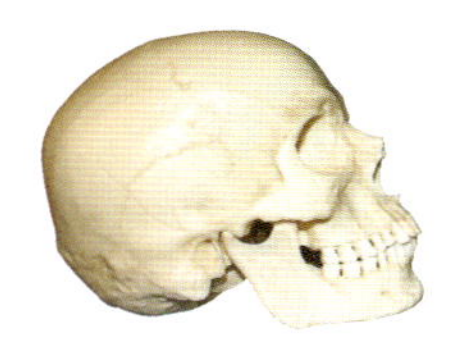

ネアンデルタール人（右）と現生人類であるホモ・サピエンス（左）の脳の大きさの比較すると、ネアンデルタール人のほうが少し大きかったと言われています。

Q3 ネアンデルタール人は、なぜ絶滅したのですか？

A 理由は分かっていません。

アフリカからヨーロッパやアジアに進出してきたホモ・サピエンスと共存した時期を経て、数万年前に絶滅しましたが、それは知性の優劣ではなく、なにか別の要因であろうということが議論されています。

スペイン南部にあるジブラルタル（イギリスの海外領土）の洞窟で発見された、ネアンデルタール人が作った石器。洞窟の壁面には幾何学的な模様の彫り跡も見つかっています。

Q
私たちホモ・サピエンスはいつ誕生したの？

人類発祥の地の1つとされる東アフリカ大地溝帯の一部、オルドヴァイ渓谷。火山活動が活発で化石が残りやすいため、人類の起源にかかわる重要な化石人骨や石器が発見されています。また「新種が生まれる場所」とも言われ、20万年前のアフリカのどこかとされるホモ・サピエンス（現生人類）が誕生した場所かもしれません（タンザニア）。

A
20万年前のアフリカです。

ドイツで見つかった人類が、現生人類の直接の祖先です。

ハイデルベルク人とは、ドイツのハイデルベルグ付近で骨が発見されたホモ・ハイデルベルゲンシスのことで、ホモ・エレクトスから進化した人類です。ホモ・ハイデルベルゲンシスは、すでに私たちホモ・サピエンスと同じ大きさの脳を持っていたことが分かっています。

Q 現生人類とネアンデルタール人の共通祖先を教えて。

A ホモ・ハイデルベルゲンシスです。

ホモ・ハイデルベルゲンシスの発祥の地はアフリカで、ヨーロッパやアジアに拡散し、東アジアでは北京原人と交雑したと考えられています。ホモ・ハイデルベルゲンシス は、約70万年前に登場して約20万年前まで生きていたようです。

【現生人類への進化の歴史】

ホモ・ハイデルベルゲンシスは、ホモ・エレクトスから進化した種で、ネアンデルタール人と現生人類の共通祖先と考えられています。ヨーロッパにいたホモ・ハイデルベルゲンシスからネアンデルタール人が進化して、アフリカにいたハイデルベルゲンシスから現生人類が進化しました。

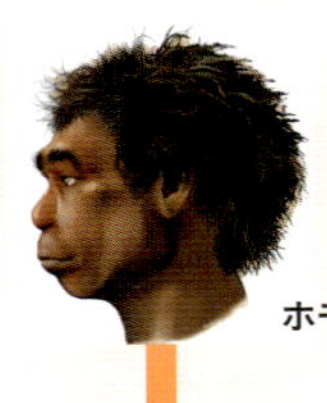
ホモ・エレクトス

ホモ・ハイデルベルゲンシス

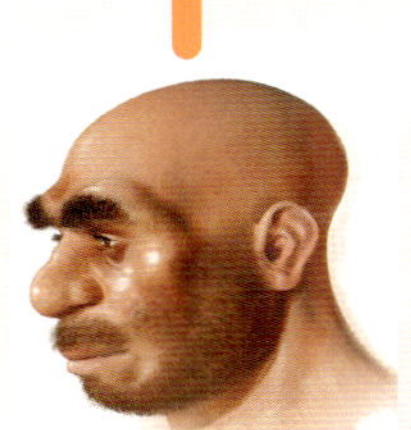
ホモ・ネアンデルターレンシス（ネアンデルタール人）

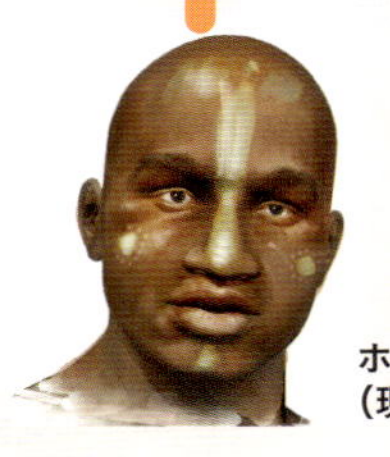
ホモ・サピエンス（現生人類）

Q2 現生人類はアフリカからどこへ行ったのですか？

A ほぼ世界中に広がりました。

6万年前からヨーロッパやアジア、4万7000年前にはオーストラリア、2万年前以降は北アメリカから南アメリカまで広がりました。その途中でネアンデルタール人や中央アジアにいたデニソワ人（ネアンデルタール人の近縁）と交雑していたと考えられています。

3万5000年前からヨーロッパに住むクロマニヨン人は現生人類の一種です。写真は、縫製された衣服を身にまとい、成人女性が子供の顔にペイントを施している様子を再現したものです。

Q3 最初に現生人類が日本にたどり着いたのはいつ頃？

A 3万8000年前以降です。

大陸から日本へは3つのルートで入ってきたと考えられています。東南アジアから台湾経由で琉球列島へ島伝いで渡る「沖縄ルート」、朝鮮半島から対馬経由で九州北部まで海を渡る「対馬ルート」、そしてシベリアからサハリン経由で北海道へ渡る「北海道ルート」です。3000年前頃になると弥生人が日本にやって来て、古くからいた縄文人と混血が生まれて日本人となったのです。

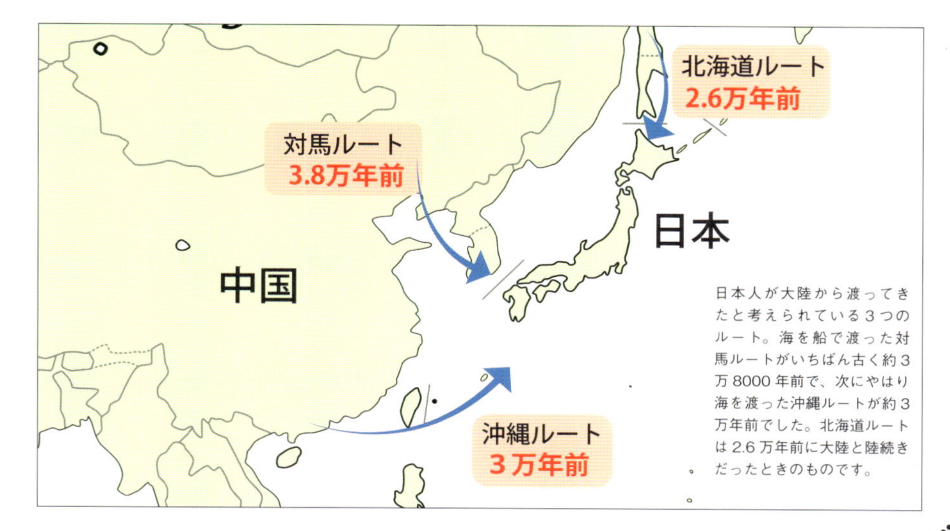

日本人が大陸から渡ってきたと考えられている3つのルート。海を船で渡った対馬ルートがいちばん古く約3万8000年前で、次にやはり海を渡った沖縄ルートが約3万年前でした。北海道ルートは2.6万年前に大陸と陸続きだったときのものです。

Q

なぜ私たちホモ・サピエンスは1種しかいないの？

夕日に照らされながら漁をする漁師たち。ホモ・サピエンスがアフリカから出て世界中に広がる際、それまで食べなかった魚介類を食べるようになったために、海岸に沿って移動を加速させたという「沿岸移住説」があります（タイ）。

A

詳しい理由は分かっていません。

大量絶滅を乗り越え、たった1種しか残っていないことは、奇跡に近い幸運に恵まれた結果です。

氷河期を乗り越えたのは、少食な現生人類だけでした。

現生人類とネアンデルタール人が共に生きていた時代は
氷河期で食料が少なかったため、
華奢な体で少食でも生き延びられた現生人類に有利だったと考えられています。

Q1 肌の色、目の色が違っても同じ現生人類なの?

A はい、同じ現生人類です。

地球上のさまざまな気候などの環境に合わせた結果です。
このように同じ種の中で、異なる環境に合わせてさまざまな形質を示す集団のことを、
生物学の用語で「クライン」と呼びます。

肌色、髪色、目の色は違っても、みんな同じ現生人類です。ホモ・サピエンスという、たった1種の動物なのです。

【2万年前以降の人口の推移】

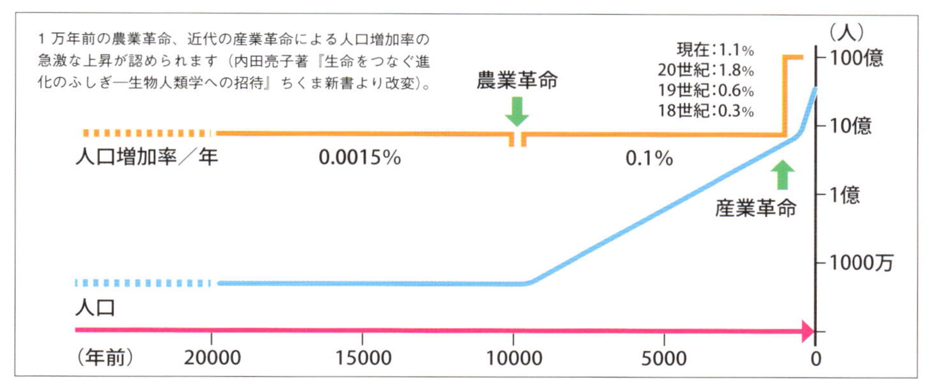

Q2 現生人類が地球上に73億人もいるのはなぜですか？

A 農業と産業革命で急激に増えました。

1万年前までは500万～600万人ほどでしたが、農業革命が起こり人口の増加率が大幅にアップ、西暦1500年には5億人に達しました。18世紀後半に始まった産業革命以降、さらに増加率は上がり、1900年に15億人、2011年に70億人を突破したのです。

Q3 現生人類はこれからどのように進化するの？

A 退化が起こると考えられます。

ロボットなどの機械が肉体的な機能の補助手段として使われるようになるので、そうした機械と肉体を合わせた体系として進化するでしょう。

2万年前にクロマニヨン人（ホモ・サピエンス）が描いたとされる、フランスにあるラスコー洞窟の壁画（レプリカ）。洞窟のいちばん奥の部屋の壁には、鳥の頭を持つ倒れた人間と槍で腹が引き裂かれて長い腸がはみ出しているバイソンが生々しく描かれています。倒れているように見える「鳥人間」は、クロマニヨン人が描いた数少ない「ヒト」です。

一目で分かる！進化の歴史

生命38億年史年表

地質年代		数値年代	動物界	植物界	イベント
新生代	第四紀	0 260万年前	哺乳類・鳥類	被子植物	
	新第三紀	2300万年前			人類の出現（700万年前）
	古第三紀	6600万年前			K-Pg境界　非鳥恐竜の絶滅
中生代	白亜紀	1億4500万年前	爬虫類		
	ジュラ紀	2億100万年前		裸子植物	T-J境界　大量絶滅
	三畳紀	2億5200万年前			P-T境界　大量絶滅
古生代	ペルム紀	2億9900万年前	単弓類		
	石炭紀	3億5900万年前		シダ植物	
	デボン紀	4億1900万年前	魚類		F-F境界　大量絶滅
	シルル紀	4億4400万年前			
	オルドビス紀	4億8500万年前	有殻無脊椎動物	藻類	O-S境界　大量絶滅 生物の上陸
	カンブリア紀	5億4100万年前			生物の爆発的進化
先カンブリア時代	原生代	25億年前	無殻無脊椎動物		エディアカラ生物群の絶滅 真核生物の出現（21億年前） 全球凍結（22億年前） 光合成生物の出現
	太古代	40億年前			生命の誕生（38億年前） 大陸地殻の形成
	冥王代	46億年前			マグマオーシャンの固結（43億年前） 地球の誕生（46億年前）

46億年前の「地球の誕生」から現在まで、下から上に向かって時代が新しくなるようになっています。

系統樹マンダラ【真獣類編】

（しんじゅうるい）

進化と地球環境変動のダイナミックな関係

文：長谷川政美（進化生物学者）

真獣類（Eutheria）とはメスが胎盤をもった哺乳類のこと。
僕たちヒトを含む真獣類は、恐竜が絶滅した6,600万年前以降に、
爆発的に進化したと考えられてきました。ところが……、
恐竜が生きていた時代にすでに、大陸移動にともない遺伝子レベルで分岐していたのです。
「系統樹マンダラ」（P156-157）を手がかりに、知られざる真獣類の進化の謎に迫りましょう。

1. ダーウィンの言い分

英海軍測量船ビーグル号に乗って世界中を旅したイギリスの博物学者チャールズ・ダーウィンは、航海を終えてから20年後の1859年に『種の起源』という本を出版しました。「種」は「たね」ではなく「しゅ」と読みます。生物はすべてどれかの種に属します。ヒトは、肌の色が違っていてもみんな「ヒト」という種に属しますし、イヌは小さなチワワも、中くらいの柴犬も、大きなセントバーナードもみんな「イヌ」という種に属します。

ダーウィンの時代のイギリスでは、人々はキリスト教を信じていましたが、当時のキリスト教では、種は神様が作られたものであり、変化しないと教えられていました。ところが、ダーウィンはビーグル号に乗って航海を続けているあいだに、それぞれの土地にいる生物が少しずつ違った種に変わっていくことに気づいたのです。

ダーウィンは、『種の起源』のなかではヒトの進化について触れていませんが、種が進化するという主張は当然ヒトも進化によって生まれたことを意味するわけですから、たくさんの批判をあびました。「ダーウィンが、ヒトはチンパンジーから進化したと主張している」と当時の雑誌の風刺漫画でからかわれたこともありました。ダーウィン自身は、ヒトがチンパンジーから進化したと述べてはいません。彼の主張はあくまでも、「ヒトとチンパンジーが同じ祖先から進化した」ということです。ですから、その共通の祖先からヒトが進化したのと同じように、チンパンジーも進化したと主張したのです。

彼は、さらに大切なことを言っています。「1つの動物が他の動物よりも高等だとするのは不合理である」。

1871年にイギリスの雑誌に載ったダーウィンをからかった漫画。チンパンジーのからだにダーウィンの顔をつけたもの。

共通の祖先から見たら、みんな同じように進化したのであり、進化の仕方がそれぞれ違っているだけなのですから。

2. ヒトにいちばん近い親戚

僕たちヒトにいちばん近い親戚は何でしょう。正解はチンパンジーです。あれ？チンパンジーとゴリラがいちばん近いのではなかったかな、と思った人もいるかもしれません。実は、ヒトとチンパンジーとゴリラの近縁関係がはっきりしてきたのは、1990年代のことです。それよりもさらに20年ほど前までは、ヒトがチンパンジー、ゴリラ、オランウータンなどの類人猿と同じ祖先から進化したことは認められていましたが、ヒトと類人猿の共通祖先が生きていたのは今から2000万年以上も前のことだとされてきました。

その後、類人猿の祖先はチンパンジー、ゴリラ、オランウータンなどに進化したのに対して、ヒトの祖先は長いあいだに独自の進化をしてきたと、わりと最近まで考えられてきたのでした。

1960年代から分子系統学の研究が進み、チンパンジーやゴリラなどのアフリカの類人猿は、アジアのオランウータンよりヒトに近い親戚であることが明らかになりました。そして、1990年代になってから、チンパンジーがヒトに最も近い親戚であり、ゴリラはそれよりも遠い親戚であることがわかったのです。

チンパンジーとヒトの共通祖先は600～700万年前頃に地球上にいたとされ、チンパンジーとヒトとゴリラの共通祖先は、800～1000万年前頃にいたと考えられています。

化石の研究者は、700万年前くらいの化石のなかでヒトと同じように直立二足歩行していた化石類人猿をチンパンジーと分かれたあとのヒトの祖先だと考えています。

チンパンジーとヒトの共通祖先がいた時期が600万年前なのか、700万年前なのかという議論は決着していませんが、化石学者がヒトの祖先だと考えている化石の一部は、ひょっとするとヒトとチンパンジーの共通の祖先であったことも考えられます。直立二足歩行という点ではヒトに似た特徴をもった祖先から、現在のチンパンジーが進化した可能性もあるでしょう。

3.「種」とは何か

「種（しゅ）」は生き物を分類する基本的な単位です。その種を進化的に近い親戚同士でまとめた分類単位が「属（ぞく）」です。

生物種を表わす正式な名前を「学名」と呼び、イタリック体（斜体）のラテン語で表記されます。例えば、ライオンの学名「*Panthera leo*」は、属名の「Panthera」と種名の「leo」で構成されます。「ライオン」が和名、英名が「Lion」です。

属よりも大きなグループを「科」と呼びます。ヒト、チンパンジー、ゴリラ、オランウータンは「ヒト科」です。

科よりも大きなグループが「目（もく）」です。ヒトやチンパンジーは「霊長目」、ライオンやレッサーパンダは「食肉目」、ゾウは「長鼻目」です。

さらに、目（もく）よりも大きな分類単位が「綱（こう）」で、哺乳類は正式には「哺乳綱」と呼びます。哺乳綱には、カンガルーやコアラのようにメスがおなかの袋のなかで子供を育てる「有袋類」や卵を産むカモノハシなどの「単孔類」もいますが、それらを除いてメスが胎盤をもったものを「真獣類（しんじゅうるい）」と呼びます。もちろん僕たちヒトも真獣類の一員です。

4. なぜ分けるのか

このように生き物に名前をつけて、グループにまとめていくのはなぜだと思いますか？　何か理由があるはずですよね。

たとえば、僕たち人間は生まれると名前をつけます。私ならば「長谷川」が姓で、「政美」が名です。「政美」という名前で個人を特定して、「長谷川」という名字で誰と家族なのかわかります。正確な家系図があれば、随分昔の祖先までさかのぼることができるでしょう。

祖先をさかのぼると、何らかの理由でゆかりの土地を離れた代があったとしましょう。なぜかな？　とその時代の歴史を調べると、大きな地震があった時期と符合したとします。

このように個人の名前を記した家系図と、歴史資料や地質学から得られた成果に関係があることがわかれば、それぞれが補い合い、新たな知見が1つ増えることになります。

家系図は例え話ですが、生き物にしても同じように考えられます。種名と属名で生き物を特定します。学名は世界共通ですから、どの生き物の話をしているのか混乱することはありません。

少しずつ大きなグループである「科」「目」「綱」にくくっていくのは、そうすることで、大小さまざまな環境の変化に適応した進化の過程を理解するために役立つからなのです。

真獣類を3つの大きなグループに分けるのも同じ理由です。僕たちヒトやザトウクジラ含む「北方獣類（ほっぽうじゅうるい）」、ゾウやマナティーなどの「アフリカ獣類」、ナマケモノなどの「異節類（いせつるい）」は、1億3000万年前から現在にいたる大陸の分断の歴史と関係があります（P109参照）。

ノドチャミユビナマケモノを含むナマケモノ、アリクイ、アルマジロの3系統は南アメリカで進化しました。@Takashi Oda

5. 大陸移動と進化

かつて地球上の大陸はパンゲアと呼ばれる1つの超大陸としてまとまっていました。それが、ジュラ紀の後期になり、1億5000万年前までには、北半球のローラシア大陸と南半球のゴンドワナ大陸とに分裂したのです。さらに、ゴンドワナ大陸は1億3000万年前頃から分裂を始め、まずマダガスカルとインドの塊がアフリカから分かれました。

１億500万年前にアフリカと南アメリカとが分裂し、アフリカはその後2000万年前にユーラシアと陸続きになるまでは孤立した大陸でした。その孤立した時期のアフリカで「アフリカ獣類」は進化しました。一方、南アメリカでは、１億500万年前にアフリカから分かれた後、300万年前に北アメリカと陸続きになるまでのあいだに「異節類」の進化が起ったのでした。

僕たちの仲間の「北方獣類」は、南半球のアフリカ獣類や異節類とは別に、北半球のローラシア大陸で進化したと考えられます。動物の進化とは、このように地球環境の変動とダイナミックに関係しています。

それでは、3グループの共通祖先は、いつ頃、どこにいたのでしょうか？　１億5000万年前のローラシア大陸でしょうか？　１億500万年前のアフリカでしょうか？　分子系統学の成果からは、3つのグループの分岐は、ほぼ同時に、9000万年前頃に起こったと考えられています。

大陸が分裂した時期が違うのに、ほぼ同時期に3グループが分岐したのはどうしてでしょうか。まだ仮説ですが、大陸が分裂した後、浮島に生き物が乗り、海流に流されて大陸間を移動したことや、小さな動物ならば風に運ばれた可能性など、わずかながら行き来が続いていたという見方が有力です（P114～117参照）。

6. 僕たちはトガリネズミだった？

真獣類の系統樹マンダラ（P156～157）の中心部の赤い円（点線）は、恐竜が絶滅した6600万年前に対応します。これは中生代白亜紀と新生代古第三紀の境界に相当するので「K/Pg境界」（白亜紀のドイツ語「Kreide」の頭文字「K」と古第三紀の英語「Paleogene」の略字「Pg」）と呼ばれています。

赤い円の内側に分岐が沢山あるということは、真獣類が6600万年前よりも前にいくつかの系統にすでに分かれていたことを示しています（系統樹マンダラの中心のグラデーションは、一番外側が5000万年前で、1000万年単位の層になっています）。

恐竜が6600万年前に絶滅したことは確かです（ただし、恐竜の子孫が鳥類として生き延びているのでこの表現は厳密には正しくありませんが）。

以前は、恐竜絶滅がきっかけとなって、中生代を通じて恐竜によって占められていた生態的地位（ニッチェ）が空き、それを埋め合わせるべく新生代に入ってから真獣類の急速な進化が始まったと考えられていました。

１つの祖先から多様な系統にいっせいに進化することを、「適応放散（てきおうほうさん）」と呼びます。確かに化石記録を見ると、霊長目、齧歯目、食肉目、鯨偶蹄目、奇蹄目、翼手目、長鼻目などの現在の目に対応すると思われる動物の化

チビトガリネズミの体重は１円玉ほど。恐竜全盛時代に生きていた僕たちの祖先に似ていると考えられています。
@Takashi Oda

石はすべて6600万年前よりもあとの時代にならないと見つかりません。ですから、恐竜絶滅が引き金となって真獣類の適応放散が起ったように見えます。唯一の例外が食虫目です。トガリネズミなど食虫類に似た動物の化石は中生代白亜紀の地層からも発見されています。

少し脱線しますが、「食虫目」は現在では2つの新しい目に分けられ、北方獣類の「真無盲腸目」とアフリカ獣類の「アフリカトガリネズミ目」に分けることになりました。真無盲腸目のインドハリネズミと、アフリカトガリネズミ目のハリテンレックは、体毛が針状になっていて、とてもよく似ています。そのため、どちらも食虫目に分類されていましたが、分子系統学はこれを「収斂進化（しゅうれんしんか）」によるものだと結論づけました。収斂進化とは、似たような環境で似たような生態的な役割を果たす生き物は、進化的に遠く離れたものであっても似たような形態的特徴が独立に進化することです（P113参照）。体毛が針状に進化したのは収斂ですが、トガリネズミ的な形は、祖先的なものを受け継いだということでしょう。

いずれにしても、恐竜全盛の時代においては、真獣類はすべてトガリネズミに似た夜行性の食虫類的な動物であったと考えられます。真獣類にはそれ以外の生態的地位は残されていなかったのです。

しかし、1億年以上前からの大陸分裂によって、遺伝的分化は進んでおり、恐竜が絶滅して初めて現在の目（もく）に対応するような形態的な進化を遂げることになったのです。

6600万年前の大絶滅の直接の原因については巨大隕石衝突説が最も有力です。この時代は、絶滅した恐竜だけでなく、僕たちの祖先の真獣類にとっても厳しい環境だったはずです。しかし、真獣類のいくつかの系統は世界各地でなんとか生き延びて、次の新生代では恐竜に代わって繁栄して現在に至るのです。

7. 系統樹マンダラの法則

真獣類の系統樹マンダラ（P156～157）の58種の動物たちは、ただ何となく並んでいるのではありません。このように中心点のまわりにいろいろな生き物を配置した系統樹のことを「系統樹マンダラ」と呼びます。仏教のお寺などで、マンダラを見たことがあるでしょう。サンスクリット語で「マンダ」には「中心」あるいは「円」という意味があります。仏教のマンダラは、中心のまわりにたくさんの仏像を配置したもので、仏像の配置のしかたはある法則に従い、全体で僕たちの住むこの世界を表現しています。

系統樹マンダラの場合は、中心がそこに出てくるすべての生き物の共通祖先であり、それぞれの生き物を配置する法則は進化の系統樹です。ただし、共通祖先がどのような形をした生き物であったかを直接知ることはできないので、絵は描いていません。

系統樹マンダラは、従来の系統樹よりも、さまざまな生き物が共通祖先から進化してきた様子を1つの図のなかでうまく表現できるのです。

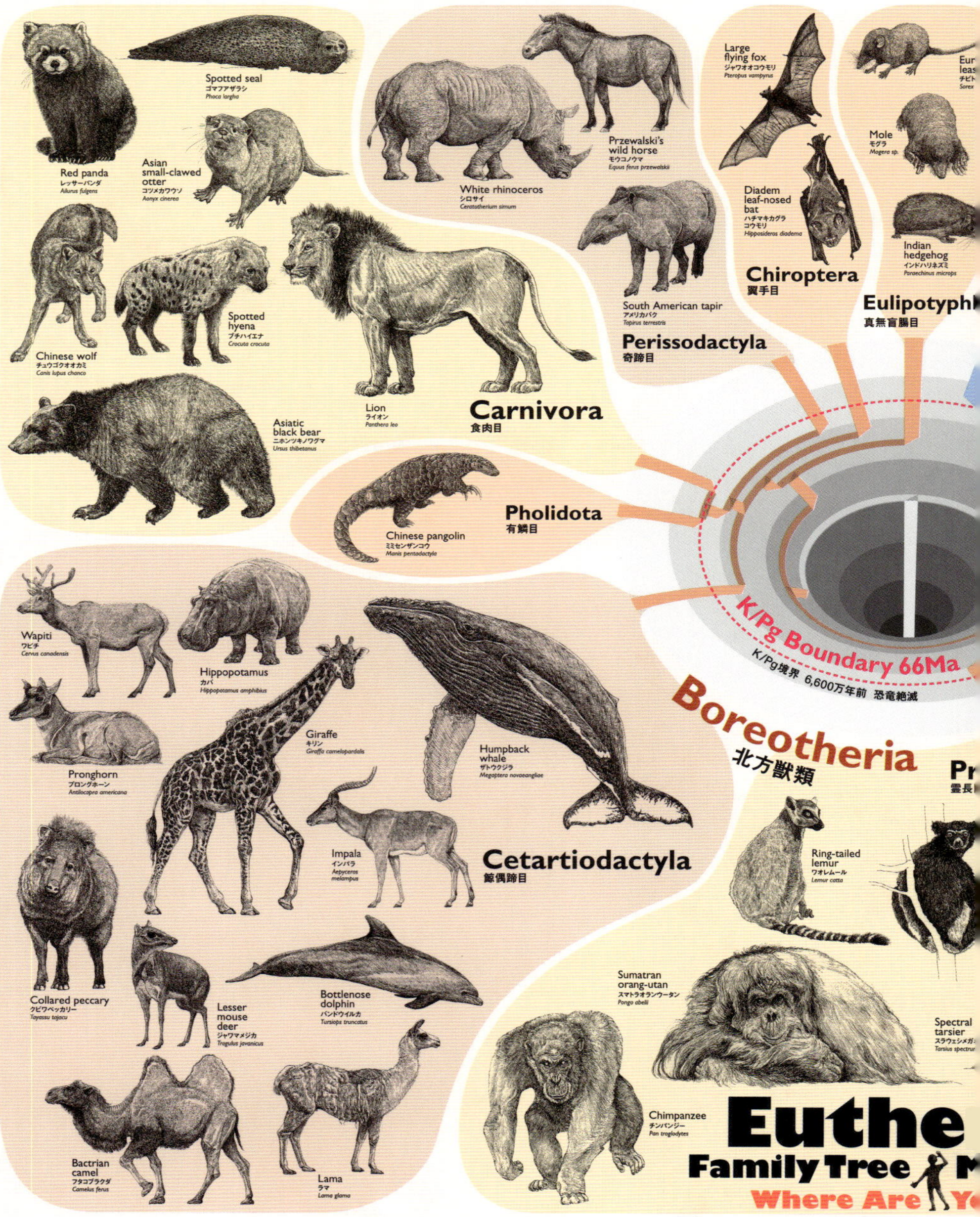

Eutheria Family Tree Mandala Where Are You? Eutheria Family Tree Mandala Where Are You? Eutheria Family Tree Mandala Where Are You? Eutheria Family Tree Mandala Where Are You?

Red panda
レッサーパンダ
Ailurus fulgens

Spotted seal
ゴマフアザラシ
Phoca largha

Asian small-clawed otter
コツメカワウソ
Aonyx cinerea

Chinese wolf
チュウゴクオオカミ
Canis lupus chanco

Spotted hyena
ブチハイエナ
Crocuta crocuta

Lion
ライオン
Panthera leo

Asiatic black bear
ニホンツキノワグマ
Ursus thibetanus

Carnivora
食肉目

White rhinoceros
シロサイ
Ceratotherium simum

Przewalski's wild horse
モウコノウマ
Equus ferus przewalskii

South American tapir
アメリカバク
Tapirus terrestris

Perissodactyla
奇蹄目

Large flying fox
ジャワオオコウモリ
Pteropus vampyrus

Diadem leaf-nosed bat
ハチマキカグラコウモリ
Hipposideros diadema

Chiroptera
翼手目

Eur leas
チビト
Sorex

Mole
モグラ
Mogera sp.

Indian hedgehog
インドハリネズミ
Paraechinus micropus

Eulipotyph
真無盲腸目

Chinese pangolin
ミミセンザンコウ
Manis pentadactyla

Pholidota
有鱗目

K/Pg Boundary 66Ma
K/Pg境界 6,600万年前 恐竜絶滅

Boreotheria
北方獣類

Wapiti
ワピチ
Cervus canadensis

Hippopotamus
カバ
Hippopotamus amphibius

Pronghorn
プロングホーン
Antilocapra americana

Giraffe
キリン
Giraffa camelopardalis

Humpback whale
ザトウクジラ
Megaptera novaeangliae

Impala
インパラ
Aepyceros melampus

Cetartiodactyla
鯨偶蹄目

Collared peccary
クビワペッカリー
Tayassu tajacu

Lesser mouse deer
ジャワマメジカ
Tragulus javanicus

Bottlenose dolphin
バンドウイルカ
Tursiops truncatus

Bactrian camel
フタコブラクダ
Camelus ferus

Lama
ラマ
Lama glama

Pr
霊長

Ring-tailed lemur
ワオレムール
Lemur catta

Sumatran orang-utan
スマトラオランウータン
Pongo abelii

Spectral tarsier
スラウェシメガ
Tarsius spectrum

Chimpanzee
チンパンジー
Pan troglodytes

Euthe
Family Tree M
Where Are Yo

Eutheria Family Tree Mandala Where Are You? Eutheria Family Tree Mandala Where

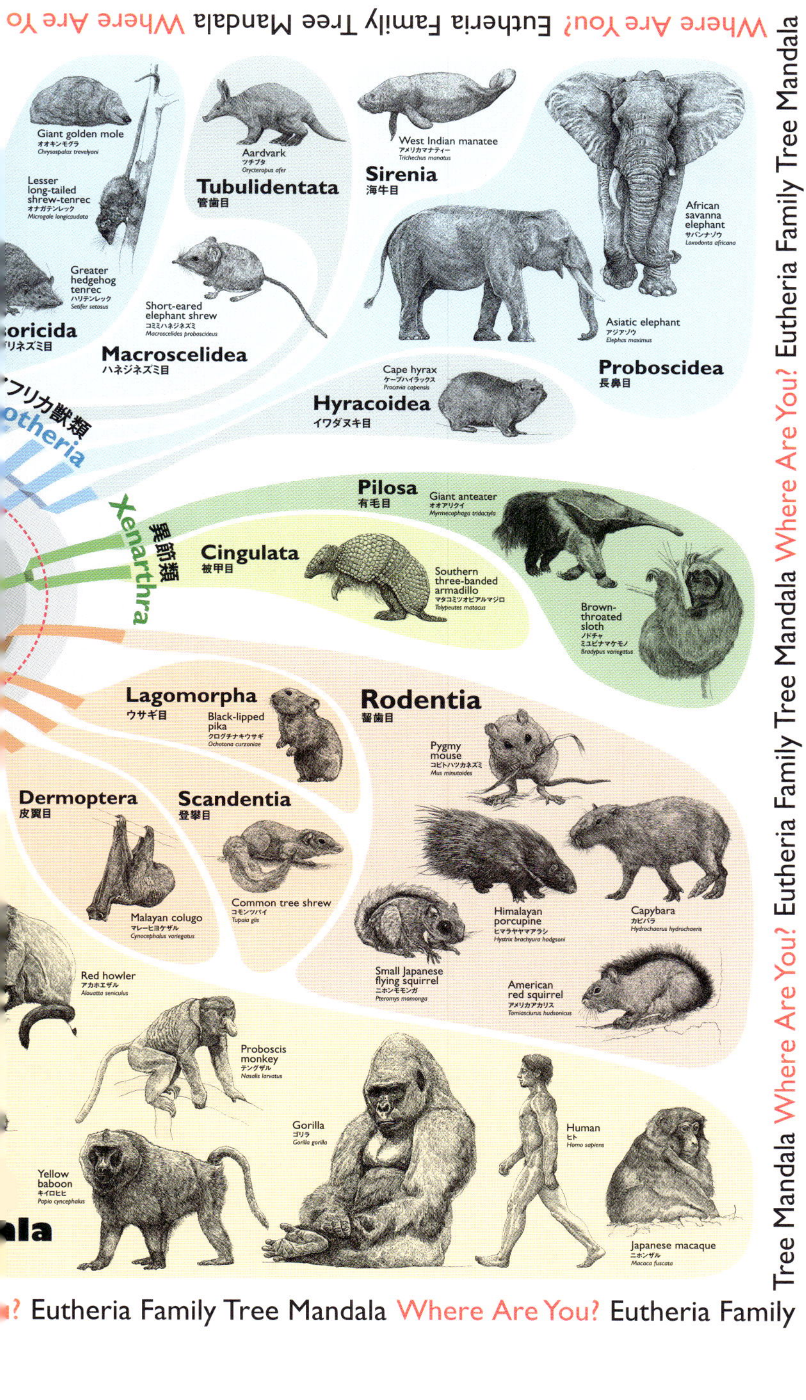

縮小版

系統樹マンダラ【真獣類編】

Where Are You? Eutheria Family Tree Mandala Where Are You? Eutheria Family Tree Mandala

Giant golden mole
オオキンモグラ
Chrysospalax trevelyani

Lesser long-tailed shrew-tenrec
オナガテンレック
Microgale longicaudata

Greater hedgehog tenrec
ハリテンレック
Setifer setosus

...oricida
...リネズミ目

Aardvark
ツチブタ
Orycteropus afer

Tubulidentata
管歯目

Short-eared elephant shrew
コミミハネジネズミ
Macroscelides proboscideus

Macroscelidea
ハネジネズミ目

West Indian manatee
アメリカマナティー
Trichechus manatus

Sirenia
海牛目

African savanna elephant
サバンナゾウ
Loxodonta africana

Asiatic elephant
アジアゾウ
Elephas maximus

Proboscidea
長鼻目

Cape hyrax
ケープハイラックス
Procavia capensis

Hyracoidea
イワダヌキ目

アフリカ獣類
...otheria

Xenarthra
異節類

Pilosa
有毛目

Giant anteater
オオアリクイ
Myrmecophaga tridactyla

Cingulata
被甲目

Southern three-banded armadillo
マタコミツオビアルマジロ
Tolypeutes matacus

Brown-throated sloth
ノドチャミユビナマケモノ
Bradypus variegatus

Lagomorpha
ウサギ目

Black-lipped pika
クロクチナキウサギ
Ochotona curzoniae

Rodentia
齧歯目

Pygmy mouse
コビトハツカネズミ
Mus minutoides

Dermoptera
皮翼目

Scandentia
登攀目

Malayan colugo
マレーヒヨケザル
Cynocephalus variegatus

Common tree shrew
コモンツパイ
Tupaia glis

Himalayan porcupine
ヒマラヤヤマアラシ
Hystrix brachyura hodgsoni

Capybara
カピバラ
Hydrochaerus hydrochaeris

Small Japanese flying squirrel
ニホンモモンガ
Pteromys momonga

American red squirrel
アメリカアカリス
Tamiasciurus hudsonicus

Red howler
アカホエザル
Alouatta seniculus

Proboscis monkey
テングザル
Nasalis larvatus

Gorilla
ゴリラ
Gorilla gorilla

Human
ヒト
Homo sapiens

Yellow baboon
キイロヒヒ
Papio cyncephalus

Japanese macaque
ニホンザル
Macaca fuscata

...ala

Tree Mandala Where Are You? Eutheria Family Tree Mandala Where Are You? Eutheria Family Tree Mandala

...? Eutheria Family Tree Mandala Where Are You? Eutheria Family

監修
長谷川政美
イラストレーション
小田 隆
アートディレクション／デザイン
木村裕治
デザイン
後藤洋介
（木村デザイン事務所）
ダイアグラム／デザイン
坂野 徹
編集
畠山泰英

■注
※本図は「系統樹マンダラ【真獣類編】」という同名タイトルの両面特大ポスター（A1サイズ／発行：株式会社キウイラボ http://kiwi-lab.com）を大幅に縮小して掲載したものです。種名および学名が判読しづらい点はご了承ください。

主な参考文献（順不同）

『40億年、いのちの旅』伊藤明夫（岩波ジュニア新書）2018
『系統樹をさかのぼって見えてくる進化の歴史』長谷川政美（ベレ出版）2014
『大気の進化46億年 —O_2とCO_2』田近英一（技術評論社）2011
『137億年の物語』クリストファー・ロイド（文藝春秋）2012
『植物のたどってきた道』西田 治文（NHK出版）1998
『増補改訂版 ダニ・マニア』島野智之（八坂書房）2015
『内臓の進化』岩堀修明（講談社）2014
「系統樹マンダラ【霊長類編】」早川卓志・高野智（キウイラボ）2017
『火の賜物—ヒトは料理で進化した』リチャード・ランガム（NTT出版）2010
『「絶滅」の人類史』更科 功（NHK出版）2018
『アメーバのはなし』永宗喜三郎 ・島野智之 ・矢吹彬憲 編（朝倉書店）2018
『増補 ゾウの鼻はなぜ長い』加藤由子（ちくま文庫）2015
『深読み！絵本「せいめいのれきし」』真鍋真（岩波書店）2017
「ネアンデルタール人の知性」／別冊日経サイエンス「知性への道」K・ウォン（日経サイエンス社）2017
『マダガスカル島の自然史』長谷川政美（海鳴社）2018
『年代で見る 日本の地質と地形』高木秀雄（誠文堂新光社）2017
『NHKスペシャル 人類誕生』 NHKスペシャル「人類誕生」制作班 編（学研プラス）2018

監修者プロフィール

長谷川政美（はせがわ まさみ）

1944年生まれ。進化生物学者。統計数理研究所名誉教授。総合研究大学院大学名誉教授。理学博士（東京大学）。著書に『DNAに刻まれたヒトの歴史』（岩波書店）、『系統樹をさかのぼって見えてくる進化の歴史』（ベレ出版）、『マダガスカル島の自然史』（海鳴社）など多数。1993年に日本科学読物賞、1999年に日本遺伝学会木原賞、2005年に日本進化学会賞・木村資生記念学術賞など受賞歴多数。進化が一目で分かる「系統樹マンダラ」シリーズ・ポスター（キウイラボ）は全編監修を務める。

ガラパゴス諸島のイサベラ島（エクアドル）

Photographers List フォトグラファーリスト

cover Tui De Roy ※a P1 YOSHIKAZU FUJII ※a P2 PantherMediaGmbH ※f P4 konstik ※f P6 valio84sl ※i P8 上：DENNIS KUNKEL MICROSCOPY ※a 下：SCIENCE PHOTO LIBRARY ※a P9 Science Source ※a P10 LAGUNA DESIGN ※a P12 pixelprof ※i P13 Masami Hasegawa P14 izawa masana ※a P16 Masami Hasegawa P17 上：yuko ※f 中：Karen N. Pelletreau 下2点とも：Gakken ※a P18 zumapress ※a P19 上：drferry ※i 下左：PASCAL GOETGHELUCK ※a 下右：The Natural History Museum ※al P20 wirepec ※f P22 下中：SCIENCE PHOTO LIBRARY ※a 下右：STEVE GSCHMEISSNER ※a P23 Masami Hasegawa P24 Frans Lanting ※a P26 上：Visuals Unlimited ※a 下：Masami Hasegawa P27 上：NOBUAKI SUMIDA ※a 下：Noriko Okamoto P28 ad_foto ※i P31 上：PENN STATE UNIVERSITY 下：OLIVIER VANDEGINSTE ※a P32 studio023 ※i P34 DIRK WIERSMA ※a P35 Shinpei Goto P36 MIEKO SUGAWARA ※a P38 Xvazquez P39 Bill Longcore ※a P40 Scenics & Science ※al P42 AMI IMAGES ※a P43 上：Alamy Stock Photo ※a 下：buccaneer ※f P44 MAREK MIS ※a P46 Howard Chew ※al P47 上：GERD GUENTHER ※a 下左：GERD GUENTHER ※a 下右:Franz Neidl ※al P48 ALEXANDER SEMENOV ※a P50 Ted Kinsman ※a P51 上:johnandersonphoto ※i 下：zosimus ※f P52 blickwinkel ※al P54 左上と左下：GNU Free Documentation License 右：Masami Hasegawa P55 上：Masami Hasegawa 下：RICHARD BIZLEY ※a P56 CoreyFord ※i P58 ALAN SIRULNIKOFF ※a P59 上：All Canada Photos ※al 下6点すべて：Masami Hasegawa P60 NATURAL HISTORY MUSEUM, LONDON ※a P62 The Natural History Museum ※al P63 上：Wilson44691 下：Warpaintcobra ※i P64 givaga ※f P66 Masami Hasegawa P67 上：BOB GIBBONS ※a 下：ozbandit ※f P68 Gerard Lacz ※a P70 上：Norbert Wu ※a 下：Masami Hasegawa P71 Masami Hasegawa P72 PantherMediaGmbH ※f P74 Masami Hasegawa P75 上：koike yasuyuki ※a 下2点とも：Masami Hasegawa P76 Frans Lanting ※a P78 PjrStudio ※al P79 Masami Hasegawa P80 henner ※f P82 NATURAL HISTORY MUSEUM, LONDON ※a P83 Masami Hasegawa P84 EYE OF SCIENCE ※a P85 上：EYE OF SCIENCE ※a 下：FRANK FOX ※a P86 Jim Brandenburg ※a P88 Science History Images ※al P89 上：Masami Hasegawa 下：raclro ※i P90 hpbfotos ※f P92-93 Masami Hasegawa P94 hpbfotos ※f P97 Masami Hasegawa P98 Ann and Steve Toon ※al P100 Masami Hasegawa P101 上：mikelane45 ※f 下：Jan Sovak ※a P102 kesu87 ※f P104 PantherMediaGmbH ※f P.105 上6点 Masami Hasegawa 下（イラストレーション）：Corey Ford ※a, Nobumichi Tamura ※a, Leonello Calvetti ※a, Sergey Krasovskiy ※a P106 Cultura Creative (RF) ※al P108 Masami Hasegawa P110 Christian Ziegler ※a P112 osawa yushi ※a P113 Masami Hasegawa P114 NORIYUKI KATAYAMA ※a P116-117 Masami Hasegawa P118 Anup Shah ※a P120-121 ヒト tsuppy ※f ヒト以外 Masami Hasegawa P122 abzerit ※f P124 RAUL MARTIN ※a P125 ヒト tsuppy ※f ヒト以外 Masami Hasegawa P126 PATRICK LANDMANN ※a P128 JOHN READER ※a P129 上：NATURAL HISTORY MUSEUM, LONDON ※a 下：lucaar ※f P130 AVIER TRUEBA ※a P132 CHRISTIAN JEGOU PUBLIPHOTO DIFFUSION ※a P133 上：PASCAL GOETGHELUCK ※a 下：NATURAL HISTORY MUSEUM, LONDON ※a P134 Danita Delimont ※a P136 CHRISTIAN JEGOU PUBLIPHOTO DIFFUSION ※a P137 上：LIONEL BRET/EURELIOS ※a P138 Juan Aunion ※a P140 Hans Blossey ※a P141 上：Sabena Jane Blackbird ※a 下：The Natural History Museum ※a P142 Caminoel ※i P144 JOSE ANTONIO PENAS ※a P145 S. ENTRESSANGLE/E. DAYNES ※a P146 Marco Pompeo Photography ※a P148 moodboard ※f P149 Chris Howes ※a P153-154 Takashi Oda P158 shalamov ※f P160 AkihiroShibata ※f

※a：amanaimages ※i：istock ※f: foryourimages ※al：Alamy Stock Photo

世界でいちばん素敵な

進化の教室

2019年2月15日　第1刷発行
2022年10月1日　第4刷発行
定価（本体1,500円＋税）

監修・写真　長谷川政美
編集　畠山泰英（キウイラボ）
写真協力　アマナイメージズ
装丁　公平恵美
イラスト　山本和香奈
本文デザイン　HOPBOX
発行人　塩見正孝
編集人　神浦高志
販売営業　小川仙丈
中村崇
神浦絢子

印刷・製本　図書印刷株式会社
発行　株式会社三才ブックス
〒101-0041
東京都千代田区神田須田町2-6-5 OS'85ビル3F
TEL：03-3255-7995
FAX：03-5298-3520
http://www.sansaibooks.co.jp/
facebook　https://www.facebook.com/yozora.kyoshitsu/
Twitter　https://twitter.com/hoshi_kyoshitsu
Instagram　https://www.instagram.com/suteki_na_kyoshitsu/